Neil D. L. Clark

Mythos Bernstein

•1• Langbeinfliege in Baltischem Bernstein.

Neil D. L. Clark

Mythos Bernstein

Aus dem Englischen
von Manfred Roth

Die Deutsche Nationalbibliothek verzeichnet diese Publikation
in der Deutschen Nationalbibliografie;
detaillierte bibliografische Daten sind im Internet über
http://dnb.d-nb.de abrufbar.

Umschlaggestaltung: Peter Lohse, Heppenheim
Bild: Bernstein © Joachim Opelka/Chromorange — picture alliance
Die Herausgabe des Werkes wurde durch die Vereinsmitglieder
der WBG ermöglicht.
Layout, Satz und Prepress: schreiberVIS, Seeheim
Gedruckt auf säurefreiem und alterungsbeständigem Papier
Printed in Germany

Besuchen Sie uns im Internet:
www.wbg-wissenverbindet.de
ISBN 978-3-534-24658-8

Die Buchhandelsausgabe erscheint beim Primus Verlag
Umschlaggestaltung: Jutta Schneider, Frankfurt a. M.
Bild: Fossiles Insekt in Bernstein;
© picture-alliance/United Archives/DEA
ISBN 978-3-86312-320-8
www.primusverlag.de

Elektronisch sind folgende Ausgaben erhältlich:
eBook (PDF): 978-3-534-72392-8 (für Mitglieder der WBG)
eBook (epub): 978-3-534-72393-5 (für Mitglieder der WBG)
eBook (PDF): 978-3-86312-788-6 (Buchhandel)
eBook (epub): 978-3-86312-789-3 (Buchhandel)

Für Alex und Catriona

Wie schön! doch manche Form im Bernstein ist,
Von Haar und Halm, Wurm, Raupe, sogar Mist,
Das gibt es häufig, weiß man, oft recht klein,
Doch wie zum Teufel kamen sie hinein?

Aus: Alexander Pope
Epistel an Dr. Arbuthnot (1735)

Inhalt

• 2 • Bernstein-Nugget aus der Sammlung des Hunterian Museums an der Universität Glasgow.

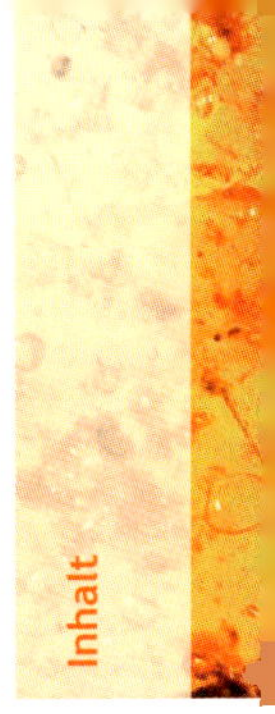

• 3 • Bernsteinfischer, die im Winter ihre Netze an der stürmischen Ostseeküste auswerfen.

Einleitung

2010 kam eine einzigartige Ausstellung mit Kunstgegenständen und Fundstücken aus Bernstein nach Glasgow, von denen die meisten aus der berühmten Sammlung des Schlossmuseums Marienburg (Malbork) in Polen stammten. Zu den bemerkenswertesten Ausstellungsstücken, die darüber hinaus präsentiert wurden, gehörten die berühmte Danziger Eidechse aus dem Bernsteinmuseum in Danzig (Gdańsk) und einige historische Artefakte aus der Sammlung des Hunterian Museums der Universität Glasgow. Ziel der Ausstellung war es, die zahlreichen verschiedenen Aspekte des Bernsteins, die normalerweise nicht in solch ganzheitlichem Ansatz gemeinsam präsentiert werden, unter einem Dach zu vereinen. Bernstein, der besonders aufgrund seines geschichtlichen und vorgeschichtlichen Stellenwerts von Interesse ist, sowie Exponate mit eher naturgeschichtlicher Bedeutung wurden gemeinsam ausgestellt, um dem Besucher ein umfassenderes Verständnis von Bernstein zu vermitteln. Dieses Buch greift die Ausstellung als Anregung auf, indem es die vielen Facetten des Bernsteins beleuchtet und einen Bogen von der vorgeschichtlichen Nutzung bis zur naturkundlichen Forschung schlägt, also vor allem darstellt, in welcher Beziehung der Mensch zum Bernstein stand, von der Steinzeit, über das Mittelalter bis in unsere heutige Zeit.

Man nutzt Bernstein auf der ganzen Welt. Manchmal, um das körperliche und geistige Wohlbefinden zu steigern, manchmal als Schmuck und Dekoration und manchmal aus wissenschaftlichem Interesse. Wo auch immer Bernstein zu finden ist, wird er von denjenigen, denen es gelingt, seiner habhaft zu werden, wie ein kleiner Schatz gehütet, um sich im Gegenzug von seinen Wundern gefangen nehmen zu lassen. Es existieren viele verschiedene Bernsteinarten in unterschiedlichen Farben und Formen. Der Bernstein aus dem Baltikum und osteuropäischen Ostseeraum gehört zu den weltweit am häufigsten vorkommenden Arten und wird vom Menschen seit über 40 000 Jahren genutzt. Obwohl tschechischer Bernstein einer der Ersten war, der in Europa genutzt wurde, begann der weiter nördlich auftretende Baltische Bernstein in dem Maße die Hauptquelle für Bernstein der frühen Völker zu werden, in dem die Eismassen der letzten Eiszeit vor 10 000 Jahren zurückwichen.

Man gab dem Baltischen Bernstein verschiedene Namen, die sich aus seinem religiösen oder spirituellen Wert und seinen physikalischen Eigenschaften ableiteten. Die antiken Griechen nannten ihn *ηλεκτρον* (*electron*), den „Strahlenden", ein eindeutiger Verweis auf ihren Sonnengott. Die Römer jedoch, die über den Ursprung von Bernstein besser Bescheid wussten, gaben ihm den pragmatischeren Namen *sucinum*, was soviel bedeutet wie ‚Saft' oder ‚dicke Flüssigkeit' eines Baumes. In Nordeuropa gibt es zwei verbreitete Namen für Bernstein; der eine ist der germanische Name *Bernstein* (in der ursprünglichen Bedeutung „Brennstein", also leicht entzündlicher Stein) mit seinen Varianten, der andere basiert auf dem im Baltikum und Osteuropa gebräuchlichen Namen *Yantar* und dessen Varianten, von denen angenommen wird, dass sie sich von dem lateinischen Verb *ientare* (frühstücken) ableiten. Vielleicht bezieht sich das Wort damit auf

• 4 • Bernsteinpokal aus der im 18. Jh. angelegten Sammlung von Dr. William Hunter, im Hunterian Museum, Glasgow.

• 5 • Holzschnitt des Bernsteinbaums von Jakob Meydenbach (1491).

die Zeit des Sonnenaufgangs? Eine der frühesten Bezeichnungen für Bernstein, die sich in den schriftlichen Quellen der Römer im 1. Jh. n. Chr. findet, war die der baltischen Stämme der Ästier, die Bernstein *Glaesum* nannten, von dem sich aller Wahrscheinlichkeit nach der deutsche Begriff *Glas* herleitet.

Die Herkunft der englischen Bezeichnung für Bernstein, *amber*, ist nicht vollständig geklärt. Manche nehmen an, dass sie von dem mittellateinischen Begriff *ambrum* (Duft) abstammt, der wiederum eine Ableitung des arabischen Wortes *anbar* ist, das ebenfalls mit „Duft" zu tun hat und möglicherweise von den Kreuzrittern irgendwann zwischen dem 11. und 13. Jh. wieder nach Europa gebracht wurde. Das arabische Wort *anbar* kam in der englischen Sprache sowohl für Bernstein als auch für Ambra (engl. *ambergris*) in Gebrauch. Ambra ist eine graue, harzige Substanz aus dem Verdauungstrakt von Pottwalen, die man am häufigsten als Treibgut im Meer findet. Sowohl Bernstein als auch Ambra wurden als Weihrauch verwendet. Um die beiden auseinanderzuhalten, benutzte man in Frankreich die Bezeichnungen *ambre gris* (wörtlich: grauer Bernstein) und *ambre jaune* (gelber Bernstein), die dann wiederum im Englischen als *ambergris* für Ambra, beziehungsweise als *amber* für Bernstein übernommen wurden.

Es gibt zwar noch zahlreiche andere Mutmaßungen darüber, woher der Begriff stammt, am wahrscheinlichsten ist jedoch, dass er von dem phönizischen Wort für Bernstein *Yiaintar* kommt. Die Phönizier trieben vor über 3000 Jahren Handel mit den Bernstein verarbeitenden Stämmen im Ostseeraum und brachten ihn möglicherweise zu den an den Seerouten gelegenen Ländern ans Mittelmeer. Fest steht, dass alle Länder entlang der östlichen Handelsroute, vom östlichen Teil der Ostsee bis zum Schwarzen Meer, Bezeichnungen verwenden, bei denen es sich um Variationen des russischen *янтарь* (*Yantar*) handelt. Die Ähnlichkeit zwischen dem Begriff *Yantar* und dem arabischen Wort *anbar* könnte vielleicht darauf hindeuten, dass sich das Wort im Laufe der Jahrhunderte nur geringfügig verändert hat.

Das deutsche Wort Bernstein geht auf das mittelniederdeutsche *bern[e]stein* zurück, das zu *bernen*, also *‚brennen'* gehört und in Belgien lautet das alte Wort für Bernstein *Anbernen*. Man kann also vermuten, dass der englische Begriff *amber* auch von dem germanischen Wort abstammen könnte, mit dem beschrieben wurde, was man mit dem Stein machte, nämlich ihn als Weihrauch anzubrennen.

Die Bernsteingewinnung im Ostseeraum reicht bis in prähistorische Zeiten zurück. Die Menschen in dieser Region haben über Jahrtausende hinweg Bernstein auf verschiedene Arten gesammelt: indem sie ihn als Treibgut von den Stränden auflasen, ihn mit Netzen aus dem Meer fischten, in den Flüssen nach ihm schürften und die Blaue Erde abbauten, in der man den Bernstein an Land finden kann. Da er tief in Kultur und Tradition verwurzelt war, wurde Bernstein bereits in frühesten Zeiten als wertvolle Handelsware geschätzt, oft sogar mehr noch als Gold. Wie bei den meisten begehrten Edelsteinen ist die Geschichte derer, die den Bernstein besaßen, und derer, die ihn haben wollten, voller Schlachten und Kriege, um den Handel mit diesem wertvollen ‚Sonnenstein' zu kontrollieren.

Bezeichnung für Bernstein	Sprache	Bezeichnung für Bernstein	Sprache	Bezeichnung für Bernstein	Sprache
Amber	Englisch	Yantar	Russisch	Bernstein	Deutsch
Alambre	Portugiesisch	Jantar	Slowakisch	Barnsten	Schwedisch
Ambar	Spanisch	Yainitar	Phönizisch	Barnsteen	Niederländisch
Ambra	Italienisch	Dzintars	Lettisch	Burshtinen	Jiddisch
Ambre	Französisch	Gintaras	Litauisch	Borostyan	Ungarisch
Anbernen	Altbelgisch	Chihlinbar	Rumänisch	Bursztyn	Polnisch

• 6 • Einige der vielen verschiedenen Namen für Bernstein, die auf den drei geläufigen Bezeichnungen im Ostseeraum und in Westeuropa beruhen.

Die Entstehung des Bernsteins

Baltischer Bernstein und die Herkunft von Bernstein

Obwohl es im Laufe der Jahrhunderte zahlreiche Mutmaßungen darüber gab, was Bernstein eigentlich genau ist, nahm man bereits 600 v. Chr. an, dass es das Harz eines Baumes sei. Mittlerweile ist allseits bekannt, dass es sich bei Bernstein um fossiles Baumharz handelt, das einst aus den Stämmen und Ästen alter, nun aber ausgestorbener Bäume floss. Den berühmtesten aller Bernsteine findet man in der Ostseeregion. Die Bäume, die dieses Harz produzierten, existierten im Eozän, also vor ungefähr 40 Millionen Jahren. Dieser organische Edelstein wird manchmal auch fälschlicherweise für einen Pflanzensaft, beispielsweise für Zellsaft, gehalten. Solche Säfte sind aber Flüssigkeiten, die in den Leitungsbahnen von Pflanzen zirkulieren, während es sich bei Harz um eine halbfeste amorphe organische Substanz handelt, die bei einigen Pflanzen aus speziellen Kanälen austritt, was man besonders bei Nadelbäumen beobachten kann, die sich jedoch auch bei Laubbäumen findet. Das Harz nutzen diese Pflanzen, um sich vor Angriffen von parasitären Pilzen, Insekten, physischen Schäden und sogar extremer Kälte zu schützen.

• 7 • Darstellung eines Baumes mit Bernstein in verschiedenen Naturformen.

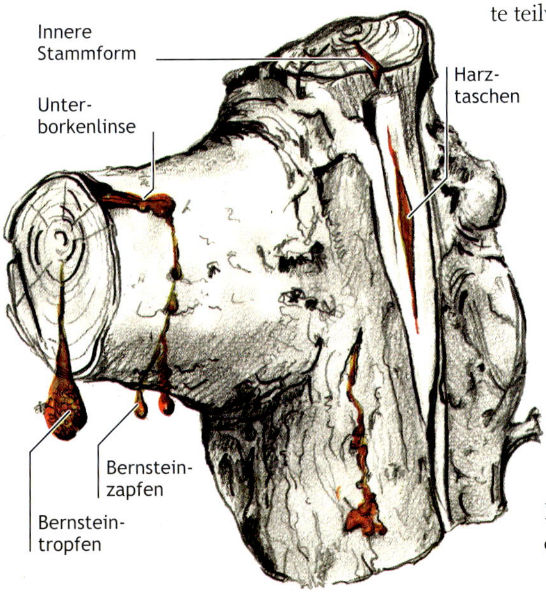

Der Baltische Bernstein stammt von den vorzeitlichen Wäldern im Ostseeraum, die sich auf Landmassen ausdehnten, die heute teilweise vom nördlichen Teil der Ostsee überflutet sind, und die sich ursprünglich möglicherweise so weit nach Süden erstreckt haben könnten wie das Schwarze Meer zwischen Südosteuropa und Asien. Das Klima hier war zu jener Zeit warm, feucht und subtropisch, mit gewaltigen tropischen Bäumen und einem üppigen Unterholz aus Moosen und Farnen; ein Wald, der sich stark von den borealen Nadelwäldern und der Tundralandschaft dieser Region heute unterschied. Die Bäume wuchsen zu einer Zeit, als die Erde eine Phase globaler Erwärmung durchlief, die von vor ungefähr 60 Millionen Jahren bis vor ungefähr 30 Millionen Jahren andauerte, bis schließlich eine Abkühlung einsetzte, die den Wald in eine offene Landschaft verwandelte. Als die baltischen Harze aus diesen heute ausgestorbenen Bäumen flossen, ähnelte der Wald eher denen der tropischen Regionen Südasiens. Hinweise aus Pflanzenresten, die im Bernsteinharz enthalten sind, lassen darauf schließen, dass in diesem Wald eine große Artenvielfalt herrschte. Eichenblüten, Kiefernnadeln, Zypressenblätter- und zweige, Zedernblätter, Moose, und eine Vielzahl

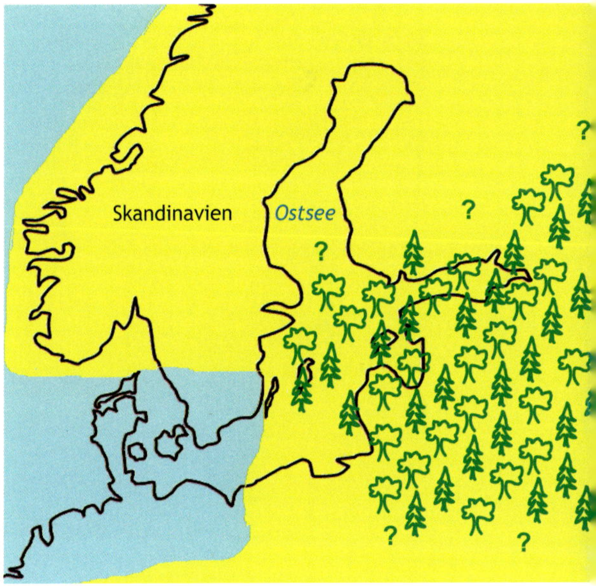

• 8 • Die mutmaßliche Ausdehnung des Bernsteinwaldes (grüne Bäume) im Eozän, mit gelb dargestellten ehemaligen Landmassen.

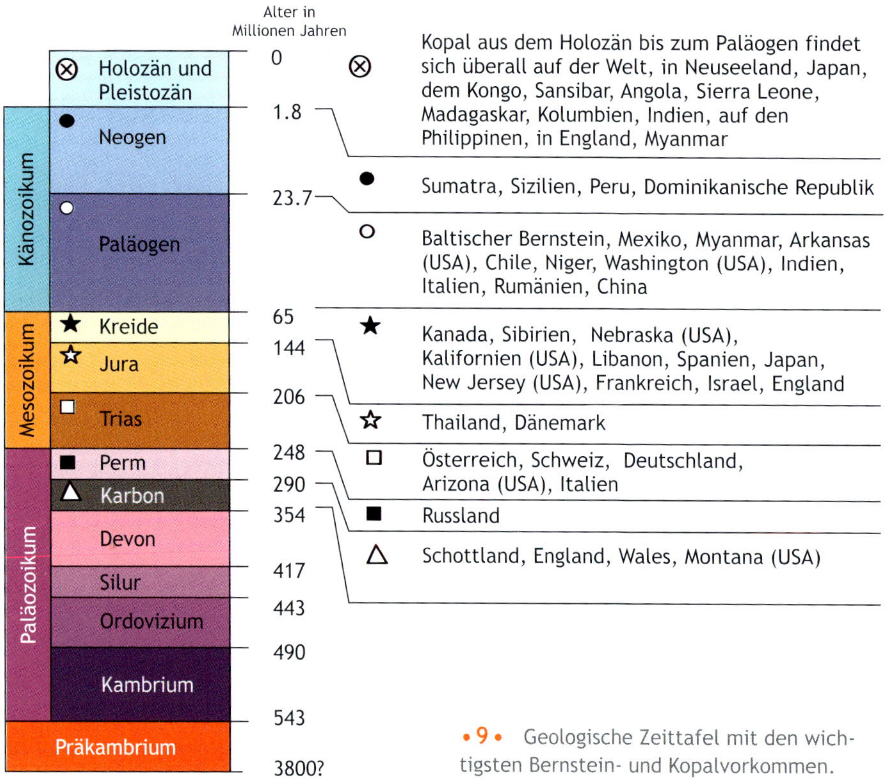

• 9 • Geologische Zeittafel mit den wichtigsten Bernstein- und Kopalvorkommen.

weiterer pflanzlicher Überreste entdeckte man allesamt als Einschlüsse, sogenannte Inklusen, in Baltischem Bernstein.

Der Baltische Bernstein ist aber keineswegs die einzige Bernsteinart. Fossiles Baumharz wurde in Felsen gefunden, die mindestens 310 Millionen Jahren alt sind, vielleicht sogar noch älter. Die meisten Harze, die im Allgemeinen als Bernstein bezeichnet werden, stammen aus dem Mesozoikum (vor 248–65 Millionen Jahren) oder dem Känozoikum (vor 65–1,8 Millionen Jahren). Seltene Bernstein-‚Nuggets' aus der Kreidezeit vor über 65 Millionen Jahren enthielten fossile Insekten, die zu einer Zeit lebten und umherflogen, als Dinosaurier die Erde bevölkerten. Obwohl Bernstein aus dem Jura bekannt ist, wurden bislang keine Insekten im Jurabernstein gefunden. Man weiß von sehr seltenen Inklusen von Pflanzen- und Pilzresten in Bernsteinfunden, deren Alter sich auf das Karbon, vor über 300 Millionen Jahren, datieren lässt. Welche Baumart Bernstein produzierte, ist nicht bekannt, jedoch haben Wissenschaftler versucht, sie anhand der chemischen Zusammensetzung und der Eigenschaften von Bernstein zu bestimmen, wobei die Ergebnisse bisher nicht eindeutig sind. Verschiedene Bernsteine aus unterschiedlichen Teilen der Welt scheinen auf verschiedene Arten harzproduzierender Pflanzen zurückzugehen. Der Begriff ‚Bernstein' wird von einigen so aufgefasst, dass er sich nur auf den Bernstein bezieht, der aus der Region der Ostsee, dem Baltischen Meer, stammt, also den Baltischen Bernstein, weil dieser eine einzigartige Zusammensetzung aufweist, die einen organischen Bestandteil namens Succinylsäure, auch Bernsteinsäure genannt, enthält. Trotzdem wurde das Wort ‚Bernstein' zu einem Begriff, mit dem die meisten fossilen Harze bezeichnet werden, die ähnliche Eigenschaften aufweisen.

Bernstein aus dem Känozoikum Zentral- und Nordamerikas, Europas und Asiens kommt ausgesprochen häufig vor. Besonders berühmt sind der Bernstein aus der Dominikanischen Republik (weniger als 40 Millionen Jahre alt) und Mexiko (ungefähr 30 Millionen Jahre alt). Diese Bernsteinarten unterscheiden sich auffallend vom Baltischen Bernstein, da in ihnen häufiger Tier- und Pflanzeneinschlüsse zu finden sind und aufgrund ihrer größeren Transparenz. Trotzdem dominiert der Baltische Bernstein mit seiner langen Geschichte des Handels, die Tausende von Jahre bis in die Steinzeit zurückreicht, den weltweiten Bernsteinmarkt.

Baltischen Bernstein findet man am häufigsten in den Küstenregionen Dänemarks, Norddeutschlands, Südschwedens, Polens, Russlands, Litauens, Lettlands, Estlands und Finnlands, er kann aber auch in Gletscherablagerungen und Sedimenten ein gutes Stück weit im Landesinneren vorkommen. Diese ergiebigen Bernsteinlagerstätten wurden im Lauf der Jahrtausende aus vielerlei Gründen ausgebeutet. Bernstein war sehr kostbar bei Völkern, die die Sonne vergötterten, wie den Phöniziern, Römern und Griechen, die die Bestände Europas in ihrer jeweiligen Zeit kontrollierten. Bernstein wurde als Talisman gegen Unheil benutzt und als Heilmittel gegen zahlreiche Krankheiten. Er wurde von den Wohlhabenden als Schmuck getragen und aus ihm wurden religiöse Symbole für die Tempel und Kirchen der verschiedensten Glaubensrichtungen geschnitzt. Heute wird er immer noch als beliebter Edelstein für Schmuckwaren verwendet und von

• 10 • Politische Karte der Ostseeregion.

• 12 • Rechts: Harz, das die Rinde einer heutigen Lärche hinabfließt.

manchem als Heilstein benutzt. Dem Wissenschaftler dient er als Informationsquelle für eine Vielzahl von Themengebieten: vom Klimawandel bis zur Tier- und Pflanzen-Taxonomie, von der Medizin bis zur Elektrostatik.

• 11 • Unten: Heutiger Tausendfüßler, der in Lärchenharz gefangen ist.

Harzproduzierende Pflanzen

Einige heute existente Bäume produzieren große Mengen an Harz, ähnlich wie man es sich bei den ausgestorbenen Bernsteinbäumen im Ostseeraum vorstellen kann. Ein rezenter Baum, die Kaurifichte (oder Araukarien der Gattung *Agathis*), die auf den Inseln in der Nähe von Neuseeland und in Südostasien vorkommt, produziert auch heute noch riesige Mengen Harz, wie er es bereits seit Jahrhunderten tut.

Bei Bäumen aus der Gattung *Boswellia*, die von Nordafrika bis Indien vorkommen, wird die Rinde angeritzt, damit sie ein Harz in Form kleiner Klümpchen, genannt „Tränen", absondern. Das Harz wird für gewöhnlich in der Parfümindustrie eingesetzt und ist besser bekannt als echter ‚Weihrauch' (Olibanum). Weihrauch wird auch in der Medizin in Form von ätherischen Ölen oder Pulvern genutzt, um eine Vielzahl von Krankheiten zu behandeln, unter anderem Morbus Crohn und Arthritis.

Bei Myrrhe handelt es sich ebenfalls um ein Baumharz, das aus den unterschiedlichsten Arten gewonnen wird, hauptsächlich aber aus dem Baum *Commiphora myrrha* aus Ostafrika und von der Arabischen Halbinsel. Es wurde seit der Zeit der ägyptischen Pharaonen bis ungefähr ins 15. Jh. hinein benutzt, um Tote einzubalsamieren, sowie als Medizin, um Krankheiten zu heilen. Ebenso wie Weihrauch benutzt man auch Myrrhe seit Jahrtausenden, um arthritische Leiden und Zahnfleischerkrankungen zu behandeln. Weihrauch war eine wertvolle Ware, mit der auf der Arabischen Halbinsel und in Nordafrika mehr als 5000 Jahre lang Handel getrieben wurde. Neben dem echten Weihrauchharz und Myrrhe werden auch Kopal und andere Baumharze, aufgrund ihres angenehmen und hocharomatischen Duftes, als Weihrauch verwendet. Duftkügelchen, die Weihrauch enthielten, wurden in der Grabkammer des altägyptischen Königs Tutenchamun gefunden, der vor über 3000 Jahren gestorben ist. Verbranntes Weihrauchharz wurde zu einem Pulver zerstoßen, das die Ägypter ‚kohl' nannten, das von einigen Naturvölkern auch heute noch benutzt wird und von dem unsere heutige Bezeichnung ‚Kohle' stammt. Es diente als Kosmetikprodukt, um den charakteristischen schwarzen Lidstrich zu zeichnen, wie er sich auf so vielen Figuren und Wandmalereien der altägyptischen Kunst findet.

Der Baltische Bernsteinbaum

Welcher Baum genau in den urzeitlichen Wäldern für den Bernstein verantwortlich war, ist nicht geklärt. Es könnte sogar sein, dass es mehr als eine Baumart gab, die Bernstein produzierte. Frühe Untersuchungen, die auf Inklusen und dem Vorkommen von Succinylsäure im Bernstein basierten, wiesen auf eine Ähnlichkeit zu Kieferngewächsen hin. Der Baum, der den Baltischen Bernstein produzierte, wurde *Pinus succinifera* genannt, obwohl man keinen bestimmten Teil des Baumes fand, der eindeutig für die Bernsteinproduktion verantwortlich gemacht werden konnte. Dagegen legen die Reste, die gefunden wurden, nahe, dass der Baum gar nicht zu der Gattung der Kiefern gehörte, sondern zu einer ganz anderen. Als Folge davon schlug man vor, dem Baum anstelle von *Pinus* den neuen Namen *Pinites* zu geben, da er nur von fossilen Überresten bekannt war und sich deutlich von den heute vorkommenden Arten der Gattung *Pinus* unterschied. Ein detaillierter Vergleich des Chemismus von Baltischem Bernstein mit heutigen, harzproduzierenden Bäumen lässt vermuten, dass Bernstein von einem der Kiefer verwandten Baum aus der Familie der Araukariengewächse (dieselbe Gruppe, zu der auch der Affenschwanzbaum gehört) stammen könnte, der den *Agathis* (unter anderem dem neuseeländischen Kauribaum) sehr ähnlich ist. Es wurden jedoch keine Überreste von Araukariengewächsen in Inklusen im Baltischen Bernstein gefunden. Einige Forscher nehmen an, dass es sich bei dem bernsteinproduzierenden Baum um einen ausgestorbenen Vorfahren, sowohl der heutigen Kiefern- als auch der Araukariengewächse, handeln könnte. Er könnte das Aussehen einer Kiefer und ein Harz mit einer ähnlichen chemischen Zusammensetzung wie eine Araukarie gehabt haben. Andere haben vermutet, dass eine ausgestorbene Zedern- oder Lärchenart den Baltischen Bernstein produzierte. Mit anderen Worten: Man kann nicht mit Sicherheit sagen, welche Baumart die riesigen Mengen an Bernstein hervorbrachte, die man heute findet.

• 13 • Der heutige Affenschwanzbaum, auch Chilenische Araukarie genannt.

Die Farbe von Bernstein

Eine nähere Bestimmung des Typs von Baltischem Bernstein erfolgt anhand seiner Farbe. Die Transparenz von Bernstein kann von durchgängig transparent bis vollkommen opak reichen, die Farbtöne variieren von Klar-honiggelb, Orange, Braun, Rot, Weiß und Schwarz, bis zu seltenen Grün- und Blautönen. Insgesamt gibt es 256 verschiedene Bernsteinfarben und -schattierungen. Wie beliebt eine bestimmte Farbe jeweils war, variierte im Laufe der Geschichte mit wechselnden Moden. Zu Neros Zeiten war goldener Bernstein, von dem gesagt wurde, er habe einen ähnlichen Farbton wie die Haarfarbe von Neros zweiter Frau Poppaea, beliebter. Im 15. Jh. war weißer Bernstein populärer, da man ihm heilende Kräfte zuschrieb. Heute scheint seltener grüner Bernstein besonders beliebt zu sein, vielleicht gerade weil er in der Natur so selten vorkommt, sodass ein

• 14 • Verschiedene Farbtöne von polierten Perlen aus Baltischem Naturbernstein.

Großteil des grünen Bernsteins auf dem Markt künstlich hergestellt wird, indem man die Farbe bestimmter Bernsteinarten durch Hitze und Druck verändert.

Weißer Bernstein, den man auch Knochenbernstein nennt, ist, wegen der vielen winzigen Luftbläschen, die in seinem Inneren eingeschlossen sind, opak. In einem Quadratmillimeter Bernstein können sich fast eine Million solcher mikroskopisch kleinen Bläschen befinden. Klarerer Bernstein weist weniger und größere Bläschen auf. Die Bläschen wirken wie eine Perforation, die dazu führt, dass der Bernstein nicht so schnell bricht und sich dadurch vom Kunsthandwerker oder Juwelier leichter bearbeiten lässt. Wenn man möchte, dass der Bernstein transparenter wird, lassen sich die Bläschen erfolgreich entfernen, indem man ihn in Öl erhitzt – etwa in Raps- oder Bernsteinöl.

Das Erhitzen von Bernstein kann viele verschiedene Auswirkungen auf Aussehen, Klarheitsgrad und Farbe haben. Sonnenflinten entstehen, wenn sich Bernstein erwärmt, da sich größere Luftbläschen ausdehnen und dabei ein scheibenförmiger Riss um die Blase entsteht. Von diesem Effekt macht man ziemlich häufig bei der modernen Schmuckherstellung Gebrauch, wobei diese künstlich erzeugten Sonnenflinten als Blitzer bezeichnet werden.

• 15 • Cabochon eines seltenen, natürlich vorkommenden blauen Bernsteins aus der Dominikanischen Republik.

Prähistorischer Bernstein

Bernstein wird vom Menschen seit Tausenden von Jahren genutzt. Im späten Paläolithikum (vor etwa 50 000–10 000 Jahren) bestand ein großer Teil Nordeuropas aus einer Tundra mit nur spärlicher Vegetation und wurde von Eis bedeckt. Die Menschen in Südeuropa waren damals vornehmlich nomadische Jäger, die viele Kilometer zurücklegten, während sie den umherziehenden Tierherden folgten. Aus jener Zeit sind nur sehr wenige Bernsteinfunde bekannt, von denen man auf eine Nutzung durch den Menschen schließen könnte. Ab und zu tauchen allerdings doch einige Stücke auf. Von Rohbernstein, der in Höhlen auf dem Gebiet der heutigen Tschechischen Republik gefunden wurde, vermutet man, dass er über 40 000 Jahre alt sei, also aus dem Mittelpaläolithikum stamme. In Spanien fand man einige Bernsteinbruchstücke bei menschlichen Überresten, die auf ein Alter von über 21 000 Jahren datiert wurden. Das Vorkommen von Bernstein in dieser Region lässt jedoch nicht darauf schließen, dass es frühgeschichtliche Handelsbeziehungen mit dem Ostseeraum gegeben hat, sondern eher darauf, dass primitive Kulturen in Spanien den Bernstein nutzten, den sie vor Ort fanden.

Bernsteinartefakte, etwa Anhänger aus Deutschland und Polen, wurden von den Menschen jener Zeit ebenfalls verwendet, hatten aber ein ziemlich primitives Aussehen, wobei es sich meistens um unbearbeitete Bernsteinstücke und um Naturbernstein handelte. Einige Anhänger wurden vielleicht an Kleidungsstücken befestigt, indem man natürlich im Bernstein vorkommende Löcher nutzte, was einfacher war, als zu versuchen, ein Loch in den Bernstein zu bohren, was jedoch keineswegs unmöglich war.

Während des Paläolithikums war Bernstein vermutlich selten, da die Ostsee und ein Großteil der Sedimente, die Bernstein enthielten, immer noch von Eisplatten bedeckt waren. Weil Bernstein zwar in Salzwasser, nicht aber in Süßwasser schwimmt, wäre der Salzgehalt von jeglichem Gletscherwasser, welches das Gebiet der heutigen Ostsee bedeckte, noch eine geraume Zeit nach der Eisschmelze zu gering gewesen, als dass Bernstein an die Küsten hätte gespült werden können. Als Folge davon sind Bernsteinartefakte aus dieser Zeit sehr selten.

Wofür genau benutzten diese vorgeschichtlichen Stämme Bernstein eigentlich? Der Bernstein, der aus dieser Zeit gefunden wurde, ist eindeutig unbearbeitet, da er als lose Bruchstücke, unpoliert, nicht beschnitzt und ohne künstliche Lochung vorkommt. Eine Theorie besagt, dass sie ihn als eine Art Klebstoff verwendeten, was jedoch extrem unwahrscheinlich ist, da Bernstein sich zu schwer auflösen oder schmelzen lässt, um dafür geeignet gewesen zu sein. Es gab mit Sicherheit im Umfeld dieser Menschen genügend andere Materialen, die sich eher als Klebstoff angeboten hätten, etwa Pech oder noch feuchtes Baumharz. Es wurde auch vermutet, dass er vielleicht zu medizinischen Zwecken verwendet oder wegen seines Duftes beim Verbrennen genutzt wurde, so wie es auch heute in vielen Kulturen der Fall ist. Bei den losen Bernsteinfragmenten, die gefunden wurden, könnte es sich auch um Schnitzabfälle von Bernsteinschmuck handeln, der von Archäologen allerdings erst noch entdeckt werden müsste. Bernstein könnte sogar unter einigen örtlichen vorzeitlichen Stämmen als Währung gegolten haben, aber solange man nicht mehr Beweise hat, wird die Frage, wozu Bernstein ursprünglich gedient hat, ein Rätsel bleiben.

Etwa im Mesolithikum (vor ungefähr 10 000–7000 Jahren) wurden in Nordeuropa aus Bernstein Perlen und Tierskulpturen gefertigt. Es bildete sich ein Handel zwischen Stämmen im Norden heraus und selbst im weit westlich gelegenen Großbritannien wurden an Ausgrabungsstätten Bernsteinartefakte gefunden, die über 9000 Jahre alt sind. In Großbritannien war Bernstein zu jener Zeit selten und bestand hauptsächlich aus ungleichmäßigen Klümpchen. An einer vernässten Fundstelle bei Star Carr in North Yorkshire traten allerdings doch etliche unsymmetrisch gearbeitete Perlen zutage, die auf ein höheres Maß an Kunstfertigkeit hinweisen. Vielleicht lässt sich eine Begründung, warum es so wenig Bernstein aus dem Mesolithikum oder Paläolithikum gibt, aus dem Umstand ableiten, dass die meisten anderen Artefakte aus dieser Zeit nahe der Erdoberfläche verstreut gefunden wurden und nicht in der Erde vergraben waren. Diese Umgebung so nah an der Erdoberfläche

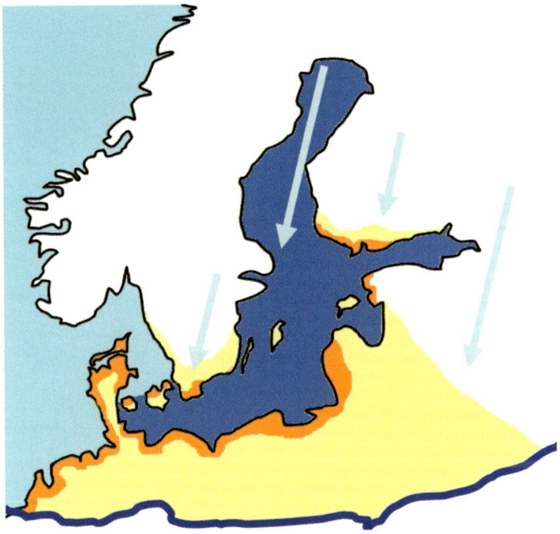

• 16 • Maximales Ausmaß der Vergletscherung während der Eiszeit und ihre allgemeine Bewegungsrichtung, mit dem heutigen Vorkommen von Bernstein in Orange (große Vorkommen) und Gelb (geringere Vorkommen).

ist der Konservierung von Bernstein nicht sehr förderlich, da er hier austrocknen und oxidieren und schließlich zu unkenntlichem Staub zerfallen würde.

Nach dem Verschwinden der Eismassen vor ungefähr 8000 Jahren dauerte es eine Weile, bis das Gebiet der heutigen Nordsee mit Salzwasser aus dem Atlantik geflutet wurde. Der Handel Großbritanniens mit Gegenden, in denen Bernstein vorkam, war möglich, solange es noch eine Landbrücke oder Eis gab, doch sobald diese nicht mehr existierten, war Großbritannien vom Rest Europas abgeschnitten und musste sich bei der Nutzung von Rohstoffen im Wesentlichen auf die lokalen Vorkommen beschränken. In Dänemark jedoch blühte die Bernsteinverarbeitung und Tierschnitzereien und aufwändig gearbeitete Schmuckanhänger, die ein Zeugnis der Kultur waren, wurden hergestellt. Abbildungen von Bären, Elchen, Wasservögeln und Menschen wurden in die Oberfläche von Bernstein geritzt. Einige Bernsteinstücke in Form von Werkzeugen wurden den Toten als Grabbeigaben mitgegeben. Vielleicht wiesen sie auf den ‚Beruf' des Verstorbenen hin, oder hatten sie die Funktion eines Talismans, um den Träger vor Unheil im nächsten Leben zu schützen?

Im Verlauf des späten Mesolithikums (vor 8000–6000 Jahren) wurde Bernstein von den Menschen im südlichen Skandinavien in höherem Maße genutzt. Etwa in der frühen Jungsteinzeit (vor ungefähr 6000–4500 Jahren) begann man, in der westlichen Ostseeregion um Dänemark Bernstein sehr häufig zu verwenden. Grabbeigaben und Hortfunde enthalten hier oft aus Bernstein gefertigte Gegenstände, wobei im östlichen Ostseeraum Bernstein erst später in der Jungsteinzeit einen regelrechten Boom erlebte. Es gibt Hinweise auf Handelsbeziehungen zwischen den westlichen und östlichen Ostseeregionen während des mittleren Neolithikums, da ähnlich verzierte Bernsteinobjekte in einer Reihe von Ausgrabungsstätten gefunden wurden. Später dann tauchten allmählich dieselben Verzierungen in Bernsteinschmuck im gesamten Nordeuropa, vom Atlantik bis zum Baltikum, auf. Die Bernsteinfunde in Ausgrabungsstätten mögen zwar von der Jungsteinzeit bis in die Mittlere Bronzezeit (vor ungefähr 5000–3400 Jahren) zunehmen, die Art und Weise jedoch, wie er verwendet wurde, bleibt gleich. Es scheint so zu sein, dass die Zunahme an Funden unmittelbar mit einer Zunahme der Bernsteinverarbeitung zusammenhängt und deswegen spiegeln sie auch eher die Menge an Bernstein, die in Umlauf war, wider, als irgendwelche Änderungen der örtlichen Gebräuche.

In Großbritannien sind Bernsteinobjekte in Ausgrabungsstätten immer noch Mangelware, jedoch scheint sich in Irland ein blühender Handel herausgebildet zu haben, besonders während der späten Bronzezeit. In der Eisenzeit hat wohl Großbritannien, anders als Mitteleuropa und der Mittelmeerraum, nicht zu den Gebieten gehört, auf die sich der Bernsteinhandel erstreckte. Die sozioökonomischen Entwicklungen in den Alpen- und Mittelmeerländern im späten Bronzezeitalter und in der Eisenzeit haben große Mengen an Bernstein aus den Lagerstätten im Ostseeraum nach Süden gelockt. Trotzdem blieb Bernstein in der Ostseeregion bis zum Ende der Eisenzeit ein wichtiger Bestandteil von Grabbeigaben.

• 17 • 5000 Jahre altes Amulett eines Männerkopfes aus Schweden.

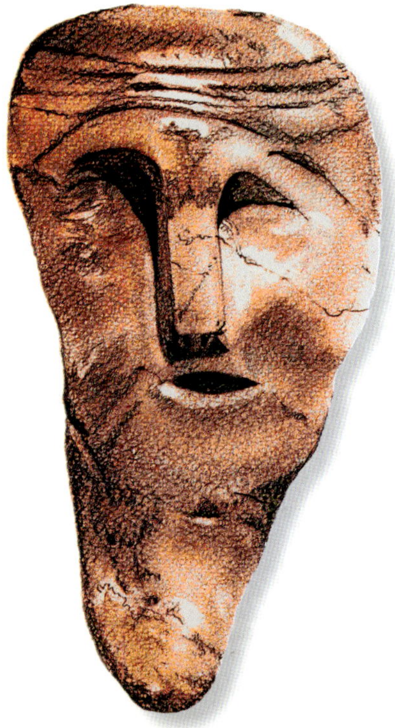

Während des Neolithikums (vor ungefähr 6000 Jahren) waren große Mengen an Bernsteinperlen in Dänemark in Gebrauch. Bei vielen von ihnen entdeckte man, dass sie Sonnenflinten und Blitzer enthielten, also scheibenförmige Risse, die für gewöhnlich entstehen, wenn man den Bernstein erhitzt. Dies legt nahe, dass die Menschen gut über die Bearbeitung von Bernstein Bescheid wussten und man nimmt an, dass sie große Kessel benutzten, um Bernstein während religiöser und kultureller Zeremonien zu erhitzen. Es wurden Tausende solcher Perlen gefunden, was darauf hinweist, dass sie für den Tauschhandel eingesetzt wurden und damit eine frühe Form von Währung in Dänemark darstellen könnten. Diese bedeutende Rolle, die Bernstein in solchen vorgeschichtlichen Gemeinschaften gespielt hatte, könnte den späteren großflächigeren Handel mit Bernstein ausgelöst haben. Genau in dieser Phase bis vor ungefähr 4000 Jahren wurden Skulpturen und Perlen in allen Größen und Formen in Bernsteinwerkstätten in Polen und in den Städten anderer nahegelegener Länder, welche die Ostsee mit Bernstein versorgte, hergestellt. Hoch entwickelte Werkzeuge aus Geweihen, Feuerstein, Sandstein und Tierfell wurden benutzt, um den Bernstein zu schneiden, zu gravieren, Löcher hineinzubohren und zu polieren. Gepunktete, strahlenförmige Muster auf großen Scheiben aus Bernstein lassen vermuten, dass die Menschen in der Ostseeregion gegen Ende der späten Steinzeit möglicherweise die Sonne anbeteten.

Im späteren Neolithikum (vor etwa 3700 Jahren) wurde Bernstein auf den Britischen Inseln immer noch kaum genutzt. Es könnte sein, dass es sich bei den wenigen Bernsteinstücken, die man gefunden hat, eher um Exemplare handelt, die an die Strände im Osten gespült wurden, als dass sie durch Handel mit den Regionen, in denen die Bernsteinverarbeitung florierte, dorthin kamen. Funde, die eindeutig aus der Periode des Neolithikums stammen, sind jedoch aus Schottland bekannt. Vier unregelmäßige Bernsteinperlen wurden gemeinsam mit Perlen aus Gagat (Schwarzer Bernstein) und einer Axt in einem über 4000 Jahre alten Grabhügel bei Greenbrae, in der Nähe von Cruden in Aberdeenshire gefunden (heute befinden sie sich im Arbuthnot Museum in Peterhead). Das man Bernstein in neolithischen Begräbnisstätten gefunden hat, wurde in der Vergangenheit als Beweis dafür ins Feld geführt, dass mit Europa Handel getrieben wurde. Die Tatsache aber, dass diese Bernsteinobjekte, anders als diejenigen, mit denen andernorts in Europa gehandelt wurde, eine unregelmäßige Form besaßen, könnte darauf hinweisen, dass es sich nicht um Tauschware handelte, sondern dass der Bernstein lokal gesammelt und bearbeitet wurde. Bei dem Bernstein selbst handelt es sich um genau dieselbe Art Baltischen Bernsteins, die zu jener Zeit in Europa verarbeitet wurde, vermutlich wurde er jedoch über die Nordsee nach Großbritannien geschwemmt.

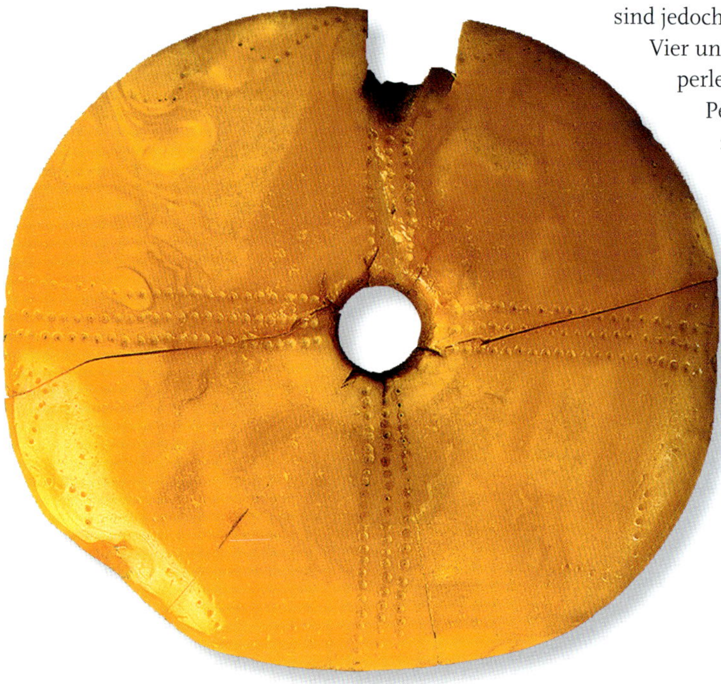

• 18 • Amulett von der Frischen Nehrung (Mierzeja Wiślana) in Polen aus dem Neolithikum, das die Sonne symbolisiert.

Das Samland, die Halbinsel in der Ostsee nördlich von Königsberg (Kaliningrad), die heute zu Russland gehört, war bereits in vorgeschichtlicher Zeit eine der Hauptquellen für Bernstein und ist es bis heute geblieben. Mit dem steigenden Meeresspiegel vor über 5500 Jahren wurden die bernsteinhaltigen Sedimente ausgewaschen und so wurden beträchtliche Mengen an Bernstein freigesetzt, die von der ortsansässigen Bevölkerung genutzt werden konnten. Die frühjungsteinzeitliche Narva-Kultur der litauischen und lettischen Küstenregion hatte vor 5400 bis 5100 Jahren Zugang zu riesigen Mengen an Bernstein. Es muss wohl Handelsbeziehungen mit den Stämmen im Nordosten bis hinauf zum Weißen Meer im heutigen Russland, also über eine Entfernung von ca. 2500 km hinweg, gegeben haben! Es gibt zahlreiche Bernsteinwerkstätten aus dem Neolithikum, die in der Nähe von Danzig entdeckt wurden und die dazu beigetragen haben könnten, diesen Handel zu beliefern.

Die Völker der Steinzeit waren sich vermutlich der Insekten- und Pflanzeninklusen im Bernstein bewusst, da solche Objekte durchaus in einigen Hortfunden auftraten. Bernstein wurde nicht nur in

Form von Perlen an Hals- oder Armkettchen geschätzt, sondern auch als Schmuck an der Kleidung und als Amulett, vielleicht um den Träger durch seine „magischen“ Kräfte vor körperlichem Schaden und Krankheiten zu schützen. Was müssen abergläubische baltische Steinzeitmenschen gedacht haben, als sie sahen, dass Stroh oder Federn einen Satz auf den Bernstein zu machten und an ihm haften blieben, wenn er zuvor an einem Tierfell gerieben worden war? Über diese Eigenschaft, nämlich, dass sich Bernstein statisch aufladen lässt, gibt es erst Aufzeichnungen bei den antiken Griechen. Ist es

• 19 • Diese anthropomorphe Figur aus dem Neolithikum ist Teil des Schwarzorter Schatzes aus Juodkranté (ehemals Schwarzort) in Litauen und befindet sich heute in Deutschland, in der Sammlung des Instituts und Museums für Geologie und Paläontologie der Universität Göttingen.

möglich, dass diese „magische“ Eigenschaft der Grund dafür war, warum er von der mittleren bis zur späten Steinzeit zu einem so beliebten Schmuckgegenstand wurde? Die Tatsachen, dass seine Farbe der der Sonne ähnelt, dass er ein ungewöhnlich niedriges Gewicht hat und dass er sich so leicht schnitzen lässt, könnten auch zu der weit verbreiteten Nutzung dieses einzigartigen organischen Materials beigetragen haben.

Den Handel mit Bernstein könnte es in Nordeuropa seit über 5000 Jahren gegeben haben. Bernstein war eines der wichtigsten Tauschgüter und man fand welchen aus jener Zeit in weit von der Quelle entfernt gelegenen Gebieten wie Norwegen und Finnland bis hin zum Ural. Nicht nur mit Rohbernstein wurde gehandelt, sondern auch mit bearbeitetem Material. Bernsteinwerkstätten, die von den Menschen der frühen baltischen Stämme betrieben wurden, stellten vor Ort Enderzeugnisse für den Tauschhandel her. Mit dem Bernstein besaßen die baltischen Völker eine Handelsware, die sie gegen Metalle eintauschen konnten, was den Stämmen im Landesinneren verwehrt blieb, die sich weiterhin auf Steinwerkzeuge verlassen mussten.

Aus der frühen Bronzezeit findet man nur sehr wenige Grabbeigaben aus Bernstein. Dies mag an der Praxis der Einäscherung liegen, wobei man jedoch weiß, dass der Handel mit Bernstein sich so stark ausgedehnt hatte, dass er bis nach Südeuropa reichte. In Ausgrabungsstätten aus dieser Epoche wurden in Polen blaue Fayence-Perlen aus Ägypten gefunden, woraus man schließen kann, dass sich der Handel allgemein zwar bis nach Ägypten erstreckte, soweit wir wissen allerdings nicht der mit Baltischem Bernstein. Einige „Bernstein“stücke, die in einem 5200 Jahre alten ägyptischen Grabmal gefunden wurden, erwiesen sich als ein viel jüngeres, subfossiles Baumharz, also als Kopal. Es wäre auch möglich, dass die Assyrer (aus einem Gebiet im heutigen Irak) bereits vor 4000 Jahren mit den baltischen Stämmen

• 20 • 3000 Jahre alte bronzezeitliche Bernsteinhalskette aus Mykene in Griechenland.

Handel trieben. Allerdings vollzog sich ein Großteil des Bernsteinhandels entlang europäischer Flüsse und diese spiegeln damit wahrscheinlich die Haupthandelsrouten jener Zeit wieder. Die Kulturen Mitteleuropas benutzten dann den Bernstein aus dem Ostseeraum als Tauschware, um mit den frühen Griechen Handel zu treiben, deren reiche, mächtige und gebildete Klassen ihn als Luxusartikel schätzten.

In der Eisenzeit (vor 2000–1500 Jahren) wurde Danzig zum Zentrum der Baltischen Bernstein-Region und des Bernsteinhandels.

Bernsteinmythen

Griechische Antike

Bereits vor 2500 Jahren wussten die antiken Griechen um die wahre Natur des Bernsteins. Die frühesten Aufzeichnungen finden sich bei dem griechischen Philosophen Thales von Milet (ca. 635 v. Chr. – ca. 543 v. Chr.), der die magnetischen Eigenschaften von Bernstein beschrieb und der feststellte, dass Bernstein Staub und Federn anzog, nachdem man ihn an einem Seidentuch rieb. Zu jener Zeit war bei den Griechen der Glaube verbreitet, Bernstein verkörpere die Tränen der Heliaden. Der Mythos wurde von Autoren wie Herodot im 4. Jh. v. Chr. und Ovid im 1. Jh. v. Chr. überliefert.

Der Sage nach erbat sich Phaeton, der Sohn des Sonnengottes Helios, manchmal mit Phoibos Apollon gleichgesetzt, von seinem Vater den Sonnenwagen, um ihn für einen Tag über den Himmel zu lenken. Er verlor jedoch die Kontrolle über die wilden Pferde, die den Wagen zogen, und kam der Erde so nahe, dass er sie in Brand steckte. Man sagte, dass diese Feuer der Ursprung der Vulkane seien. Um die Erde zu retten, tötete Zeus den Sohn des Helios mit einem Blitz. Phaeton fiel vom Himmel und landete im Fluss Eridanus (heute bekannt als der Fluss Po in Norditalien). Die Nymphen des Flusses zogen seinen Körper aus dem Wasser und begruben ihn am Ufer. Die Schwestern Phaetons, die Heliaden, suchten nach dem Grab und, nachdem sie es (in der Nähe der mythischen Bernsteininseln, den Elektriden) gefunden hatten, schworen sie, bei ihrem toten Bruder zu bleiben. Dort weinten sie Tag und Nacht um ihn. Nach vier Monaten wurden die Heliaden von den Göttern in Pappeln verwandelt und ihre Tränen in Bernstein. Einer der möglichen Ursprünge der englischen Bezeichnung „amber" könnte das arabische „haur rumi" sein, das übersetzt „römische Pappel" bedeutet.

• 21 • Die Heliaden nach einem Holzschnitt von Virgilius Solis aus dem Jahre 1563 für Ovids *Metamorphosen*.

Die Römer

Obwohl die Römer eine ungefähre Vorstellung davon hatten, worum es sich bei Bernstein handelte, rankten sich auch bei ihnen viele Mythen um ihn. Kaiser Nero gab seinen Lieblingsgladiatoren für gewöhnlich Armkettchen aus Bernstein, da er glaubte, dadurch würden sie den Kampf überleben. Er gab sogar seiner zweiten Frau Poppaea wegen ihrer goldenen Haarfarbe den Kosenamen „Bernstein". Ironischerweise wurde sie später angeblich von Nero totgeschlagen.

Mit Sicherheit war Bernstein bei den Römern als Talisman sehr beliebt. Nach Plinius dem Älteren kostete ein kleines Stück bearbeiteter Bernstein so viel wie ein erwachsener männlicher Sklave. Ein Sklave konnte um die 600 Silberdenare kosten, was ungefähr dem entsprach, was ein Legionär in zwei Jahren verdiente. Ebenfalls von Plinius stammte die Annahme, dass Bernstein eigentlich das Harz eines kiefernähnlichen Gewächses sei und nicht das einer Pappel, wie in der griechischen Sage behauptet wird. Er lehnte die Mythen der Griechen als Unsinn ab, als untragbare Unwahrheiten und empfand es als lächerlich, wie jemand überhaupt solche Absurditäten vorbringen könne. Bernstein wurde von den Römern wegen seiner harzigen Konsistenz *sucinum* genannt (von la-

• 22 • Skulptur in Polangen, Litauen, die an Jūratė und Kastytis erinnert.

teinisch *sucus*, was Saft oder dicke Flüssigkeit bedeutet), bereits lange bevor Plinius im 1. Jh. n. Chr. über ihn schrieb.

Die Kelten

Ambres, der keltische Sonnenvater, wurde nach dem fossilen Harz benannt. Die keltischen Stämme nutzten häufig Bernstein und wurden zu geschickten Kunsthandwerkern, die für ihre Stücke einen hohen Preis erzielten. Interessanterweise nannte man die Steine der Kultstätte Stonehenge, in Wiltshire in England, einst „Ambers" und die nahegelegene Stadt Amesbury war als Ambersbury bekannt. Es wäre allerdings denkbar, dass sie nach dem römisch-britischen Anführer Aurelianus Ambrosius benannt war, der den angelsächsischen Invasoren im fünften Jh. Widerstand leistete. Man fand Bernstein in der Nähe der Steinmonumente in Cornwall sowie in einigen Hügelgräbern bei Stonehenge. Es besteht also die Möglichkeit, dass es eine Verbindung zwischen Bernstein und dem Sonnenkult an diesen Stätten gibt.

Litauen

In den Ländern, aus denen der Bernstein stammt, gibt es andere Legenden über die Ursprünge dieses wertvollen Edelsteins. In Litauen ist die Legende von Jūratė und Kastytis eine der bekanntesten und beliebtesten Erzählungen. Die Ursprünge dieser Geschichte sind ungewiss, da sie zum ersten Mal im 19. Jh. schriftlich festgehalten wurde und zweifelsohne von damals modernen romantischen Geschichten beeinflusst wurde, was man auch daran sehen kann, dass es heute etliche Versionen der Handlung gibt.

Das Grundgerüst der Geschichte lautet, dass die Meeresgöttin Jūratė in einem wunderschönen Bernsteinschloss in der Ostsee lebte, wo sie über alle Pflanzen und Lebewesen in ihrem Reich herrschte. Eines Tages störte ein junger Fischer namens Kastytis das Gleichgewicht im Meer, indem er zu viele Fische fing. Jūratė entschloss sich, ihn zu bestrafen, aber sobald sie des schönen Fischers ansichtig wurde, verliebte sie sich augenblicklich in ihn. Sie waren glücklich miteinander, bis Perkūnas, der Gott des Donners, davon erfuhr. Perkūnas war außer sich vor Zorn darüber, dass sich Jūratė in einen Sterblichen verliebt hatte. Wütend schleuderte er einen Blitz, um das Bernsteinschloss der Göttin zu zerstören und ihren sterblichen Geliebten zu töten. Die arme Jūratė wurde daraufhin an den Meeresboden gekettet, wo sie seitdem um ihren verlorenen Geliebten Tränen aus Bernstein vergießt. Von dem Bernstein, der nach Stürmen an die Küste gespült wird, sagt man, es handele sich entweder um die Tränen der trauernden Jūratė oder um Trümmerstücke des zerstörten Bernsteinschlosses.

Es gibt eine Skulptur im litauischen Ostseebad Polangen (Palanga), um an Jūratė und Kastytis zu erinnern. Sie befindet sich neben einer Brücke, die in Richtung Sonnenuntergang führt.

Eine weitere litauische Legende lautet ganz ähnlich. Amberella, die wunderschöne Tochter eines Fischers und seiner Frau, lebte an der baltischen Küste. Eines Tages, als sie im Meer schwimmt, gerät sie in einen Strudel und wird in die Tiefen hinabgezogen, nur um herauszufinden, dass sie vom Prinzen des Meeres gefangen genommen wurde, um seine Prinzessin zu werden. Sie leben als Mann und Frau in einem unterseeischen Bernsteinpalast, doch

Amberella verzehrt sich danach, ihre Eltern wiederzusehen. Erzürnt über diesen Wunsch, besteigt der Prinz schäumend weiße Pferde, nimmt die Prinzessin fest in seine Arme und sie steigen in einem wütenden Sturm durch die Wellen an die Oberfläche. Die bekümmerten Eltern sehen ihre wunderschöne Tochter, geschmückt mit Krone und Halskette aus Bernstein, jedoch fest umklammert im Griff des Prinzen. Als Amberella klar wird, dass sie sie niemals wiedersehen wird, wirft sie ihren Eltern am Strand Bernsteinklümpchen zu, die sie in Händen hält, während sie wieder in den Wellen versinkt. Die Eltern sind sehr betrübt, als ihnen bewusst wird, dass dies das letzte Mal ist, dass sie ihre Tochter gesehen haben. Man erzählt, dass Stürme toben, wenn der Prinz des Meeres wütend ist, und dass Amberella Bernsteinstücke von ihrem Palastgefängnis in der Tiefe hinaufwirft, um ihren Eltern zu zeigen, dass sie sie immer noch liebt.

• 23 • Freya, die das Brisingamen trägt, basierend auf einem Druck aus Dahns Walhall (1901).

Polen

In der Region Kurpie in Polen gibt es eine Sage, die mit der alttestamentarischen Erzählung von Noah und der Sintflut verschmolzen ist. Sie weist außerdem zahlreiche Ähnlichkeiten zu dem griechischen Mythos von Phaeton und den Heliaden auf. Als die Wasser der Flut stiegen, um die Menschheit für ihre Sünden zu bestrafen, weinten die Menschen voller Verzweiflung. Ihre Tränen fielen ins Wasser und verwandelten sich in Bernstein. Diejenigen, die ohne Sünde waren, vergossen klare Bernsteintränen. Dieser Typ „reinen“ Bernsteins wurde häufiger dazu benutzt, Schmuck herzustellen. Der Bernstein der Sünder war dunkler und opaker und wurde nicht so sehr für Schmuck, sondern eher für Pfeifen oder als Glasur verwendet.

Skandinavien

Freya, die nordische Göttin der Liebe, Schönheit und Fruchtbarkeit, hatte eine Schwäche für schöne Edelsteine. Sie war mit dem sterblichen Odr verheiratet und hatte zwei liebreizende Töchter. Sie lebten in Folkwang, dem Palast der Göttin in Asgard. Eines Tages ging Freya an der Grenze zwischen ihrem Königreich und dem der Schwarzen Zwerge spazieren. Beim Spazierengehen bemerkte sie, wie einige Zwerge eine wunderschöne Halskette fertigten. Sie funkelte so golden wie die strahlende Sonne. Freya fragte, was dies für ein seltsames Schmuckstück sei und man sagte ihr, dass es sich bei diesem Schatz um das Brisingamen handele, eine Halskette, die für die Zwerge von großem Wert sei. Sie wollte solch einen Edelstein um jeden Preis besitzen, musste jedoch erfahren, dass alles Silber der Welt ihn nicht kaufen könne. Sie fragte, womit man die Halskette denn erkaufen könnte und die Zwerge sagten ihr, dass ihre Liebe der Preis dafür sei. Sie sollte mit jedem der Zwerge einen Tag und eine Nacht lang „verheiratet“ sein, dann würde das Brisingamen ihr gehören. Als stünde sie unter einem Zauber, überkam Freya der Wahnsinn. Sie vergaß Odr und ihre Töchter und sogar, dass sie die Königin der Vanen war. Keiner wusste von dem Handel um die Halskette, außer Loki, der immer in der Nähe zu sein schien, wenn sich ein Unheil anbahnte. Nachdem der Handel vollzogen war, kehrte Freya zu ihrem Palast zurück und versteckte die Halskette, für die sie so teuer bezahlt hatte. Loki ging zu Odr und erzählte ihm, was sich im Land der Zwerge zugetragen hatte. Odr verlangte einen Beweis für diese ungeheuerliche Behauptung und Loki machte sich daran, die Halskette zu stehlen. Er verwandelte sich in einen Floh und biss Freya, während sie schlief. Dadurch drehte sie sich um und er konnte die Kette von ihrem Hals lösen. Als Odr die Halskette sah, schleuderte er sie beiseite, verließ Asgard und brach in ein weit entferntes Land auf. Als Freya am nächsten Morgen erwachte, musste sie feststellen, dass ihre Halskette und ihr Ehemann weg waren. Weinend lief sie zu dem obersten Gott Odin nach Walhalla (das in der Nähe des Bernsteintals Glaesisvellir lag), um ihm alles zu beichten. Am Eingang zu Walhalla gab es einen Bernsteinhain mit Bäumen, von denen Bernsteinperlen tropften. Zwar vergab Odin Freya, doch er verlangte Buße. Er nahm Loki das Brisingamen ab und befahl Freya, es auf Ewigkeit zu tragen, während sie durch die Welt zog, auf der Suche nach ihrem verlorenen Geliebten Odr. Während sie umherzieht, weint sie immer noch – die Tränen, welche die Erde berühren, verwandeln sich in Gold, jene die ins Meer fallen, werden zu Bernstein.

Danzig und die Bernsteinstraße

Die Tatsache, dass bearbeiteter Baltischer Bernstein (geschnitzt oder poliert) in Gegenden bis zum Ural gefunden wurde, weit von seiner Quelle im Ostseeraum entfernt, legt die Vermutung nahe, dass es seit der späten Steinzeit vor ungefähr 5000 Jahren einen aktiven Handel mit Bernstein gab. Rohbernstein wurde im antiken Mitteleuropa und im Mittelmeerraum häufig als Tauschware gehandelt, aber auch bearbeitete Bernsteinstücke folgten den westlichen und zentralen Handelsrouten.

Bernsteinperlen und -schnitzereien aus der späten Steinzeit wurden in nahezu jedem europäischen Land gefunden. Als Kupfer- und Bronzezeit in die Eisenzeit übergingen, gewann Bernstein als Gebrauchsgut entschieden an Bedeutung. Bernstein wird oft an Kupfer- und Bronzeartefakten in Ländern gefunden, in denen es keine regionalen Kupfervorkommen gibt, woraus man schließen kann, dass er durch Handel dorthin gelangt sein muss. Daraus lassen sich auch Rückschlüsse auf den hohen Stellenwert ziehen, den diese frühen Gesellschaften dem Bernstein als Handelsware beigemessen haben. Es ist vielleicht interessant festzuhalten, dass Kupfer und Bronze eher praktischen Zwecken gedient haben, der Fertigung von Waffen und landwirtschaftlichen Geräten, wohingegen Bernstein eher wegen seines spirituellen und ästhetischen Werts gehandelt wurde.

In der Eisenzeit handelten die ästischen Stämme aus dem Siedlungsgebiet des heutigen Litauens mit Bernstein entlang der Ostseeküste von der Stadt Memel (Klaipeda) bis zur Elbe. Die Völker, die mit den Ästiern Handel trieben, nutzten die Flüsse als Handelswege, auf denen Bernstein über große Entfernungen hinweg von seinem Ursprungsort quer durch Europa transportiert wurde. Nach Süden erstreckte sich der Handel mit Bernstein entlang der Elbe bis in die Tschechische Republik, also über eine Entfernung von mehr als 1000 km. Die Route machte dann in Süddeutschland bei Passau einen Bogen nach Osten und folgte der Donau bis nach Linz in Oberösterreich. Von hier aus hatte man auf der Route Zugang zu Italien und Südeuropa.

Die Bernsteinstraße scheint stark verzweigt gewesen zu sein. Einige Routen führen nach Westen zum Rhein, andere nach Osten entlang des Dnjepr zum Schwarzen Meer. Das heutige Danzig in Nordpolen muss zur damaligen Zeit genauso zentral für den Bernsteinhandel gewesen sein wie heute. Mit dem Bernstein, der an der Ost-

• 24 • Sonderbriefmarke im Gedenken an die Bernsteinstraße (1993).

• 25 • Die Hauptflüsse, die einen Teil der Bernsteinstraße von der späten Steinzeit bis ins Mittelalter bildeten. Schwarz = westliche Route; Rot = Hauptroute; Grün = östliche Route; Lila = Handelsweg entlang der Ostseeküste.

seeküste westlich und östlich der Weichsel (Wisła) gesammelt wurde, versorgte man wohl die Hauptroute nach Süden, hinunter zum Mittelmeer.

Ausgehend von der Entdeckung von Bernstein in mykenischen Gräbern auf der Insel Kreta kann man annehmen, dass der Bernsteinhandel bis zum Mittelmeer bereits vor 3600 Jahren begonnen hat. Man vermutet, dass die Route, auf der dieser Bernstein gehandelt wurde, nach Süden entlang der Weichsel in Polen verlief und dann der Donau folgte, um schließlich über das Schwarze oder das Adriatische Meer zum Mittelmeer zu gelangen. Die mykenischen Herrscherklassen auf Kreta sahen im Bernstein ein Luxusgut und ließen ihn zu Schmuckgegenständen, wie Kettenanhängern, Amuletten und Perlen, verarbeiten. Man findet Bernstein relativ häufig an Gegenständen aus Gold, was auf seinen hohen Status und Wert hindeutet.

Während der Handel mit Bernstein die Entwicklung der Kulturen an der Ostseeküste beförderte, indem er den Menschen ermöglichte, Bernstein gegen Metalle einzutauschen, auf die sie ansonsten keinen Zugriff gehabt hätten, brachte er den Stämmen, die weiter landeinwärts lebten, keinen Nutzen und viele von ihnen verharrten praktisch in der Steinzeit. Sie pflügten immer noch ihre Felder mit Steinwerkzeugen, während ihre reicheren Nachbarn in den Bernsteinregionen im Norden Bronzewerkzeuge besaßen. Der Zugang zu wertvollen Rohstoffen wie Bernstein war deswegen für den zivilisatorischen Fortschritt jener Zeit enorm wichtig.

Danzig war das Zentrum des Bernsteinhandels in der frühen Eisenzeit (vor ungefähr 3000 Jahren), mit der Weichsel als Hauptschlagader für den Handel nach Süden zum Adriatischen Meer, in die Nähe des heutigen Triest. Man weiß aufgrund der vielen antiken römischen Münzfunde entlang der Route, dass diese Strecke im ersten und 2. Jh. n. Chr. besonders häufig genutzt wurde. Nicht der gesamte Bernstein, der auf diesem Weg transportiert wurde, war bearbeitet, bevor er Danzig verließ. Zahlreiche Bernsteinwerkstätten und -geschäfte dieser Periode wurden in der Nähe von Breslau (Wrocław) und Warschau (Warszawa) gefunden.

Der Handel mit den Assyrern aus dem heutigen Irak begann bereits vor mindestens 2900 Jahren. Ausgrabungen an den Ufern des Tigris förderten Bernstein aus dem Ostseeraum zutage. Auf welchem Weg dieser Bernstein dorthin gelangte, ist nicht bekannt, aber es ist möglich, dass er über Russland gehandelt wurde oder durch Tauschhandel mit den Phöniziern zunächst ans Mittelmeer kam und von hier weitergehandelt wurde.

• 26 • Eine Zweizlotymünze aus Polen von 2001, die an die Bernsteinstraße erinnert und auf der die Route nach Süden entlang der Weichsel im 1. und 2. Jh. n. Chr. dargestellt ist.

• 27 • Eine Bernsteinscheibe aus der Hunter-Sammlung des Hunterian Museums in Glasgow, in deren Innerem von Sonnenstrahlen ausgelöste Reflexionen zu sehen sind.

Die Phönizier beteten wie viele europäische Kulturen der damaligen Zeit zahlreiche Götter an, wobei der Sonnengott das Zentrum ihrer religiösen Vorstellungen war. Praktiken der Sonnenverehrung spielten auch in griechischen und römischen Ritualen jener Zeit eine Rolle. Es scheint so, als würde Bernstein die Sonnenstrahlen einfangen, da er von innen heraus Licht reflektiert, das von Unebenmäßigkeiten und Rissen gebrochen wird und so ein breites Farbspektrum verschiedener Gelb-, Orange-, und Weißtöne erzeugt. Deswegen ist es nicht überraschend, dass Bernstein bei diesen Menschen so populär und wertvoll wurde. Da sie an der Mittelmeerküste lebten, waren die Phönizier erfahrene Seeleute und die besten Geschäftsmänner der antiken Mittelmeerkulturen. Sie waren vermutlich die „Mittelsmänner" ihrer Zeit, indem sie mit ihrem Bernstein über den Hafen von Marseille an der Mündung der Rhone in Südfrankreich handelten, der direkt am Ende einer der wichtigsten Bernsteinrouten aus dem Baltikum lag. Die Menschen, die dort und in Norditalien lebten, nannte man die Ligurer. Es ist denkbar, dass die Phönizier von diesen Völkern den Bernstein bezogen, da einer der frühen Namen für Bernstein *Ligurius* lautete. Die Ligurer handelten vermutlich mit anderen Kaufleuten, die auf den verschiedenen Bernsteinrouten vorbeikamen.

Einige griechische und römische Autoren vermuteten, dass Bernstein in Ligurien ausgegraben wurde. Tatsächlich stürzt Phaeton, Sohn des Helios, wie bereits erwähnt, im griechischen Mythos in den Fluss Eridanus, den heutigen Po in Norditalien. Dies wäre damals das Land der Ligurer gewesen. Die wahre Herkunft des Bernsteins sollte ein Geheimnis bleiben, das nur den Händlern aus dem Norden bekannt war.

Da die Phönizier eine Seefahrerkultur waren, konnten sie ihren Handel mit Bernstein im gesamten Mittelmeer betreiben. Es heißt, die Phönizier bereisten auch Gebiete außerhalb des Mittelmeerraums, sodass sie bei den Briten in Cornwall ihre Waren gegen Zinn eintauschen konnten. Wenn sie so weit herumkamen, ist es durchaus denkbar, dass sie direkt mit den Völkern im Ostseeraum Handel trieben, die Bernstein anboten, und die ligurischen Mittelsmänner umgingen. Die Phönizier erfanden außerdem Geschichten, dass der Atlantik ein schlammiger, unüberwindbarer Ozean sei, voller seltsamer, wunderbarer und zugleich gefährlicher Kreaturen („Hic sunt dracones"), aller Wahrscheinlichkeit nach, um andere daran zu hindern, ihnen auf ihren wertvollen Handelsrouten zu folgen. Im Jahr 539 v. Chr. unterwarf Kyros der Große die Phönizier und nur sechs Jahre später, im Jahr 333 v. Chr., wurde der strategisch wichtige phönizische Hafen der Stadt Tyros von Alexander dem Großen eingenommen, wodurch der fast 700 Jahre währende Seehandel der Phönizier ein Ende fand. Dadurch versiegte eine der bedeutendsten Handelsrouten für Bernstein im Mittelmeer.

Die Griechen führten den Handel mit Bernstein fort, zum Teil deswegen, weil Bernstein eng mit ihren Glaubensvorstellungen verknüpft war. Frühe antike Autoren zeichneten die Geschichte

• 28 • Skizze eines geschnitzten römischen Bernsteinkopfes.

vom Tod Phaetons und die seiner Schwestern, den Heliaden, die Tränen aus Bernstein vergossen, auf. Interessanterweise ist diese Geschichte von der Wahrheit über die Herkunft von Bernstein nicht sehr weit entfernt, da die Heliaden in Pappeln verwandelt wurden, bevor sie Tränen aus Bernstein weinten. Dies deutet darauf hin, dass die Menschen sich bewusst waren, dass die „Tränen" aus dem Harz von Bäumen bestanden, auch wenn es in Wirklichkeit nicht das von Pappeln ist.

Als sich die Mode änderte, ging die Nachfrage nach Bernstein zurück. Zwar behielten die griechischen Kolonien ihr reges Interesse an Bernstein, die Griechen selber aber nutzten ihn immer weniger. Die Kaufleute von der Ostseeküste reisten nicht so viel mit ihren Waren umher und begnügten sich, mit den benachbarten germanischen Stämmen östlich der Weichsel zu handeln. Bernstein gelangte allerdings trotzdem bis nach Rom und wurde von Tacitus und Plinius dem Älteren im 1. Jh. n. Chr. erwähnt.

Tacitus, der sich offensichtlich der Geschichte der Bernsteinbearbeitung und des Bernsteinhandels sowie der Gedankenwelt der baltischen Stämme im Ostseeraum nicht bewusst war, schrieb:
„Doch auch das Meer durchkämmen sie [die Ästier], und als einzige unter allen Germanen sammeln sie an seichten Stellen und schon am Strande den Bernstein, der bei ihnen ‚Glesum' heißt. Was er ist oder wie er entsteht, haben sie nach Barbarenart nicht untersucht oder in Erfahrung gebracht; ja er lag sogar lange Zeit unbeachtet unter den übrigen Auswürfen des Meeres, bis ihm unsere Putzsucht Wert verlieh. Sie selbst verwenden ihn gar nicht; roh wird er gesammelt, unbearbeitet überbracht, und staunend nehmen sie den Preis entgegen."

Es gibt ein unverkennbares Maß an Arroganz in seinen Äußerungen, das wahrscheinlich die römische Einstellung gegenüber den nordischen Stämmen jener Zeit widerspiegelt: Die Römer besitzen die Fähigkeit, den wahren Wert von Bernstein zu erfassen, die „Barbaren" nicht. Die Wahrheit ist, dass diejenigen, die den Bernstein an der Küste auflasen, mehr von ihm profitieren sollten, wenn sie mit ihm Handel trieben, als wenn sie ihn behielten und dadurch den Fortschritt ihrer Zivilisation beförderten. Plinius dagegen lieferte einen sehr fundierten Bericht über den Ursprung von Bernstein, war sich durchaus bewusst, dass Bernstein aus dem Harz einer Fichtenart entsteht und verglich seine Entstehung mit der des Gummis bei einem Kirschbaum.

Er lehnte Bernstein als Schmuck ausschließlich für Frauen ab und schreibt weiter: „[...] bei allen anderen Lastern schließlich gefällt das Zur-Schau-Tragen oder der Gebrauch; beim Bernstein allein das Wissen, man besitze einen Luxusgegenstand."

Er benutzt dieses rationale Verständnis von Bernstein dazu, die griechischen Philosophen herabzusetzen. Tatsächlich erklärt er, dass seine Beschreibung des Bernsteins ihm die Gelegenheit bietet, „die falschen Darstellungen der Griechen aufzudecken", um so die Überlegenheit des römischen Intellekts anzudeuten.

Die Nachfrage der Römer nach Bernstein war in der Mitte des 1. Jh. n. Chr. hoch. Während der Herrschaft Neros entsandte der Oberaufseher der Gladiatorenspiele Julianus einen römischen Ritter aus dem Stand der Equites, Bernstein herbeizuschaffen, um damit alle Dekorationen bei den Gladiatorenspielen auszustatten. Er kehrte nach Rom mit einer großen Menge Bernstein zurück, die für diesen Zweck benutzt wurde, wobei das größte Bernsteinstück, das er mitbrachte, ungefähr 6 kg wog. Es ist nicht bekannt, welchen Weg er nahm oder wo genau er an der Ostseeküste ankam, aber bei Plinius heißt es: „Dieser durchwanderte sowohl jene Märkte als auch die Küsten und führte eine solche Menge ein, dass die Netze zum Abhalten der wilden Tiere und zum [Schutz der Kaiserloge] mit Bernsteinstückchen zusammengeknotet wurden [...]."

Wahrscheinlich folgte er der gängigeren antiken Route nach Norden entlang der Weichsel in die Gegend von Danzig.

Obwohl die Römer anscheinend mit ihrer Deutung, worum es sich bei Bernstein in Wirklichkeit handelt, richtig lagen, waren sie sich nicht bewusst, dass die Bäume, von denen sie meinten, sie würden den Bernstein produzieren, bereits seit vielen Millionen Jahren nicht mehr existierten. Die Schilderungen von Tacitus wurden von dem römischen Staatsmann Cassiodorus im 6. Jh. als Tatsachen angesehen. Während er im Dienste Theoderichs des Großen, König von Italien und der Ostgoten, stand, schrieb er den ästischen Stämmen Folgendes als Antwort auf ihr Bernsteingeschenk:
„Ihr sagt, dass ihr diesen leichtesten aller Stoffe von den Stränden des Meeres auflest, behauptet aber, nicht zu wissen, wie er dort hinkommt. Doch, wie uns ein Schriftsteller namens Cornelius [Tacitus] mitteilt, wird er auf den Inseln, die am weitesten im Meer liegen, gesammelt, nachdem er ursprünglich aus dem Saft eines Baumes gebildet (weswegen auch sein Name sucinum lautet), und allmählich von der Hitze der Sonne gehärtet wurde ... Wir dachten, es wäre besser, euch dies mitzuteilen, damit ihr nicht glaubt, dass wir um eure vermeintlichen Geheimnisse nicht Bescheid wüssten."

Es gibt keine Überlieferung wie die Ästier auf die Anschuldigung, sie würden die Wahrheit verheimlichen, reagierten, aber mit ziemlicher Sicherheit wussten sie tatsächlich nicht, wie Bernstein wirklich entstand. König Theoderich begann sich sehr für den Baltischen Bernstein zu interessieren und entsandte etliche Expeditionen,

• 29 • Wikingerhort aus der Steinkiste von Moan auf Mainland Orkney in Schottland.

um etwas von dem „Gold des Nordens“ zu finden. Seine Expeditionen waren so erfolgreich, dass es ihm sogar möglich war, einen Bernsteinklumpen zu bergen, der ungefähr 3,5 kg wog.

Im nördlichen Teil des Ostseeraums beherrschten die Wikinger vom 8. bis zum 10. Jh. die Seehandelswege. Für die Wikinger war Bernstein ein bedeutendes Gebrauchsgut und wurde für die Herstellung von Schmuck, Spielsteinen und religiösen Artefakten eingesetzt. Grabbeigaben aus Bernstein aus dieser Periode wurden ziemlich häufig in Begräbnisstätten der Wikinger gefunden, unter anderem im britischen Knowe of Moan-Hort auf den Orkneyinseln. Die Wikinger waren jedoch in der Ostsee nicht lange allein, da im 11. Jh. der Einfluss kurischer Piraten aus Litauen und Lettland zunahm, welche die Wikinger durch die häufigen Plünderungen an der skandinavischen Küste provozierten. Sowohl die Wikinger als auch die Kuren wurden reich, zum Teil durch ihre Raubzüge, aber auch durch ihren Handel mit Bernstein.

Im Laufe des 10. Jh. n. Chr., wurden die Völker auf dem Gebiet des heutigen Polens von ihren heidnischen panentheistischen und animistischen Glaubensvorstellungen zum Christentum bekehrt. Die Nutzung von Bernstein nahm zu jener Zeit ab, vielleicht als Folge wechselnder Moden oder aufgrund der Konvertierung vom heidnischen Glauben zum Christentum: Das Tragen von Amuletten und Perlen wurde von den frühen christlichen Missionaren wohl nicht gern gesehen. Bei den wenigen Bernsteinobjekten aus jener Zeit handelt es sich auch weiterhin um Bernsteinperlen, vermutlich weil es immer noch abergläubische Vorstellungen über die schützende und heilende Kraft des Bernsteins gab. Unter den konvertierten Stämmen wurden Kreuze aus Bernstein gebräuchlicher, aber wegen der christlichen Praxis, die Toten ohne Grabbeigaben zu bestatten, lässt sich nicht mit Sicherheit sagen, welchen Einfluss des Christentums auf den Bernsteinhandel hatte.

Bernstein und der Deutsche Ritterorden

Bernsteinhandel nach dem Untergang des Römischen Reichs

Der Zusammenbruch des Weströmischen Reichs im 5. Jh. n. Chr. führte auch zu einem Zusammenbruch der Handelsrouten für Bernstein zwischen den Staaten im Ostseeraum und dem Rest Europas. Die Bernsteinstraße von Danzig in Richtung Osten entlang der Weichsel und des Dnjestr zu den Häfen am Schwarzen Meer bestand weiterhin. Zwischen etwa 400 und 700 n. Chr. setzte die Völkerwanderung ein, bei der zahlreiche Stämme den Ostseeraum verließen und weiter nach Osten zogen, nachdem das Interesse an Bernstein abnahm. Ob der Bernsteinhandel dabei eine zentrale oder nur eine untergeordnete Rolle spielte, ist nicht ganz klar. Erst im frühen Mittelalter sahen die slawischen Völker im Bernstein wieder einen der wichtigsten Werkstoffe für die Herstellung von Schmuckgegenständen und Zierelementen. Zu dieser Zeit entwickelte sich in der Ostseeregion gerade eine auf „Klassen" aufgebaute Gesellschaftsordnung, mit feudalen Staaten, die von Monarchen und ihrem Adel regiert wurden. Im Laufe des 10. Jh. wurden zum ersten Mal kleine Bernsteinkreuze gefertigt. Als es zu den dänischen und deutschen Kreuzzügen gegen die heidnischen Slawen kam, florierten Bernsteinwerkstätten bereits wieder entlang der Ostseeküste, etwa in Städten wie Danzig. In der Vergangenheit gehörte Bernstein demjenigen, der ihn gefunden hatte, aber mit Beginn des Feudalsystems im Ostseeraum erhoben die Herzöge von Pommern Anspruch auf den gesamten Bernstein an den Küsten von Norddeutschland im Westen bis nach Danzig im Osten.

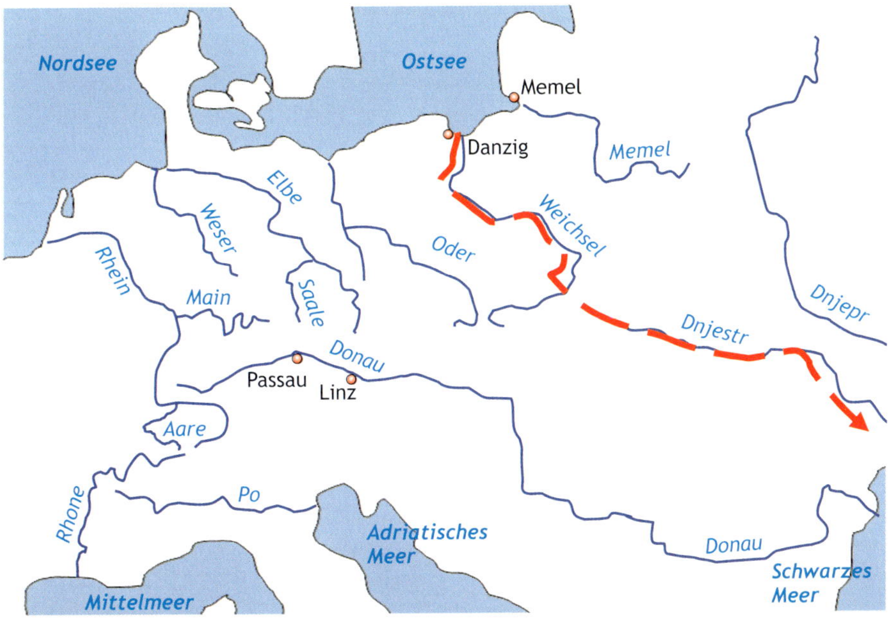

Die Kreuzzüge

Bevor der Deutschorden in die Ostseeregion kam, genehmigte Papst Alexander III. ab 1170 Kreuzzüge gegen die heidnischen Völker des Baltikums. Die Stämme leisteten zwar Widerstand, einige jedoch ergaben sich, nahmen das Christentum an, nur um zu ihrer heidnischen Religion zurückzukehren, sobald die Eindringlinge wieder weg waren. Niklot, Anführer der slawischen Stämme der Obodriten aus dem westlichen Pommern (im heutigen Mecklenburg und Holstein), tat genau dies und vermied dadurch jeglichen Gebietsverlust. Jedoch hatten nicht alle solches Glück. Die slawischen Pomoranen etwa ergaben sich König Knut IV. von Dänemark erst, nachdem 35 ihrer Schiffe von nur neun dänischen in dichtem Nebel gekapert wurden.

• 30 • Die wichtigsten Flüsse, die nach dem Untergang des Weströmischen Reichs einen Teil der Bernsteinstraße (rot) bildeten.

• 31 • Die Stämme im Ostseeraum und die Kreuzzüge der dänischen und schwedischen Armeen im 13. Jh.

Im Jahr 1190 wurde in Palästina der Ritterorden der Deutschherren gegründet, der hauptsächlich aus deutschen Rittern bestand. Er war neben den Tempelrittern und dem Malteserorden einer der drei wichtigsten Ritterorden während der Kreuzzüge. Nach ihrer Rückkehr aus dem Heiligen Land bestand die Aufgabe der Deutschritter darin, Aufstände in verschiedenen europäischen Staaten niederzuschlagen und sie wurden von Andreas II., König von Ungarn, gerufen, um ihm dabei zu helfen, das siebenbürgische Burzenland unter seine Kontrolle zu bringen. Der Deutsche Ritterorden strebte wie die Tempelritter danach, einflussreicher und wohlhabender zu werden, und begann damit, steinerne Befestigungsanlagen zu errichten, anstelle der hölzernen, die zu bauen er die Erlaubnis hatte. Andreas II. wurde daraufhin im Jahr 1225 von seinen eigenen Freiherren unter Druck gesetzt, die Deutschritter aus der Region zu vertreiben.

Der Deutsche Ritterorden

1226 gewährte der Stauferkaiser Friedrich II. dem Deutschen Ritterorden das Siedlungsgebiet der Prußen. Die Deutschritter hatten aus ihren Fehlern gelernt und als sie von Herzog Konrad von Masowien gebeten wurden, ihm gegen die heidnischen Prußen zu helfen, sorgten sie dafür, im Kulmer Land rund um das heutige Kulm (Chełmno) in Polen, nur knapp über 100 km südlich von Danzig, einen politisch unabhängigen Stammsitz zu errichten. Die Kontrolle über den Handel mit Baltischem Bernstein sollte sich mit der Ankunft des Deutschen Ritterordens abermals ändern.

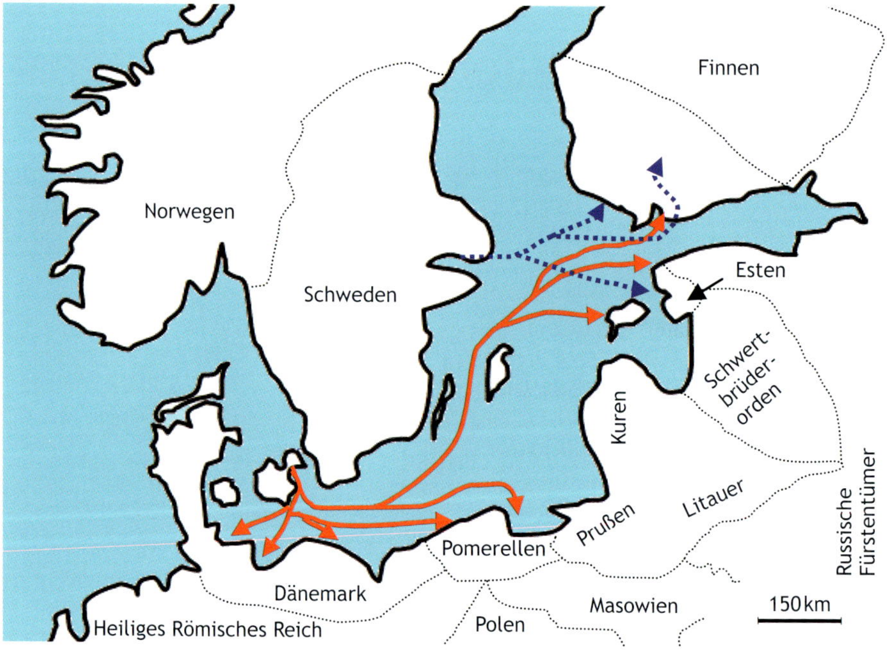

Diese missionierenden Ritter breiteten sich entlang der Ostseeküste aus und erließen strenge Regulierungen für jede gewerbliche Unternehmung in der Region. Der Deutsche Orden sollte schon bald das gesamte Gebiet kontrollieren.

Vom Kulmer Land aus bekämpften die Deutschritter die baltischen Stämme und eroberten immer mehr Gebiete, nahmen Teile der westlichen Territorien der Litauer ein und bezwangen die westprußischen Stämme. Diese Kreuzzüge gegen die Litauer, die auch „Preußenreisen" genannt wurden, finanzierten hauptsächlich germanisch-christliche Herrscher, die womöglich an einer Reise nach Jerusalem weniger interessiert waren. Von einem Hochmeister geleitet, wählte der Orden schließlich Marienburg (Malbork) als Verwaltungszentrum. Die Marienburg, zuvor eine der Festungen des Deutschen Ordens, wurde in der Folge zu einer Zitadelle mit einer Residenz für den Hochmeister ausgebaut.

Die Deutschritter kontrollierten den Bernsteinhandel mit harter Hand. Jeder, den man erwischte, wie er Bernstein ohne Genehmigung sammelte, wurde hingerichtet. Lizenzen waren jedoch schwer zu bekommen und in der frühen Phase der Deutschordensherrschaft war es nur dem Bischof von Samland (der Halbinsel nordwestlich von Königsberg) und den Danziger Fischern gestatten, Bernstein zu sammeln. Dies sollte sich sogar noch verschärfen. Als der Preis für Bernstein stieg, wurden sämtliche Lizenzen entzogen und jeder der beim Sammeln von Bernstein angetroffen wurde oder auch nur Rohbernstein bei sich hatte, wurde am nächsten Baum aufgeknüpft. Ein Strandaufseher, der das Auflesen von Bernstein für den Orden überwachte, sollte diese Hinrichtungen durchführen. Bis ins 15. Jh. hinein änderte sich daran nichts.

Bernstein, der vom Deutschen Ritterorden gesammelt wurde, war für den Handel mit Rosenkranzperlen bestimmt und wurde in Lagerhäusern abseits der Fundorte aufbewahrt, um die Entstehung illegaler Werkstätten in der Nähe der Bernsteinquelle zu verhindern. Die Kunsthandwerker, die den Bernstein bearbeiteten, schützten sich darüber hinaus vor den illegalen Werkstätten, indem sie sich zu Gilden zusammenschlossen. Die erste Bernsteingilde wurde 1302 in Brügge im heutigen Belgien gegründet. Darauf folgten schon bald die Kunsthandwerker aus Lübeck in Norddeutschland, die eine weitere Gilde etwa um 1310 gründeten. Diese Gilden belieferten im frühen 14. Jh. die gesamte christliche Kirche mit Rosenkränzen aus Bernstein. Über lange Zeit hinweg war der Ostseeraum im Mittelalter ein Ort der Unruhen, da verschiedene Staaten darum kämpften, ihre Grenzen zu sichern und gewaltsam zu expandieren, wobei einige die Bekehrung der Heiden als Vorwand benutzten, um vom Papst unterstützt zu werden. Im 14. Jh. wurde das Baltikum zum beliebtesten Gebiet für Kreuzzüge. Die heidnischen Litauer wurden dabei häufig zur Zielscheibe, damit die Armeen der Kreuzfahrer wertvolle Kampferfahrung sammeln konnten. Die päpstliche Obrigkeit gewährte den Kreuzüglern im Baltikum dieselben steuerlichen Vorteile wie denen, die ins Heilige Land aufbrachen, weshalb die Kreuzzüge gegen die Litauer besonders bei den germanischen Herrschern beliebt waren, die danach strebten, ihr Einflussgebiet auszudehnen.

Der Deutsche Ritterorden auf der Marienburg

1308 nahm der Deutschorden Danzig, die Hauptstadt des Bernsteinhandels, ein und verlegte 1309 seinen Hauptsitz nach Marienburg, etwa 40 km südöstlich von Danzig, damals Europas mächtigste Festung.

• 32 • Oben: Karte des heutigen Polens mit wichtigen Städten und Ordensburgen der Deutschritter.

• 33 • Unten: Zeichnung nach dem Kupferstich „Bernsteinfischer und Galgen an der Bernsteinküste" von J. Wagner (1774).

Der vom Orden sehr geschätzte Bernstein wurde zusammen mit Gold und Silber in der Schatzkammer der Marienburg aufbewahrt. Zu Beginn des 15. Jh. formierte sich Widerstand gegen die Herrschaft des Deutschordens und 1410 besiegte das vereinigte Polen-Litauen den Deutschen Orden in der Schlacht bei Tannenberg. Nach dieser Niederlage gelang es dem Deutschen Ritterorden nie mehr, seine ehemalige Vormachtstellung im Ostseeraum wiederzuerlangen. Im späten 15. Jh. wurden Gilden, die zuvor von den Deutschrittern verboten worden waren, in diversen pommerschen Städten im heutigen Polen gegründet, etwa in Kolberg (Kołobrzeg), Köslin (Koszalin) und Stolp (Słupsk). Obwohl der Deutschorden noch immer einige Macht besaß, sah er sich gezwungen 1466 die Herrschaft über die Stadt Danzig an den polnischen König Kasimir IV. abzutreten. 1477 konnte er es nicht mehr verhindern, dass in Danzig eine Bernsteingilde gegründet wurde,

• 35 • Statuen ehemaliger Hochmeister des Deutschen Ritterordens auf der Marienburg.

wodurch ersichtlich wird, wie mächtig die Gilden mittlerweile geworden waren. Kasimir IV. machte Bernstein wieder für jedermann zugänglich, indem er den Menschen von Danzig die Rechte am Bernstein der Ostseeküsten von Danzig und Pommern zurückgab.

Während der ersten Hälfte des 16. Jh. betrachtete der Orden Polen als Feind. Aus politischem Kalkül benannte er ein Mitglied der königlichen polnischen Familie zum Hochmeister. Hochmeister Albrecht trat jedoch von seinem Amt zurück und konvertierte zum Luthertum, behielt aber die Rechte auf das Bernsteinmonopol. Da viele deutsche Fürstentümer Anhänger der Reformation waren, nahm der Bedarf an Rosenkreuzen ab und in Folge dessen auch die Nachfrage nach Bernstein. Für Albrecht, mittlerweile Herzog Albrecht von Preußen, drohte sich der Bernsteinhandel bald nicht mehr zu rentieren und so beauftragte er seine Hofärzte damit, die medizinischen Eigenschaften von Bernstein zu untersuchen. Zusätzlich ermutigte er dazu, Bernstein auch in anderen kunsthandwerklichen Erzeugnissen einzusetzen und ihn mit Elfenbein, Schildpatt und Edelsteinen zu kombinieren, um so einen lukrativen Markt für Bernstein aufrechtzuerhalten.

Mit sinkendem Absatz von Rosenkranzperlen übertrug Herzog Albrecht schließlich den Bernsteinhandel einem Bevollmächtigten, Paul Jaski, in Danzig.

Der Handel mit Waren aus Bernstein verlagerte sich nach Osten, um islamische und buddhistische Länder mit Perlen zu versorgen und aufwändige Statuen für die Tempel im Nahen Osten zu liefern. Die Gilde wurde wohlhabend, trotz der vielen Streitigkeiten über Handelsbeschränkungen, die sie mit dem Bevollmächtigten hatte.

• 34 • Westseite der Marienburg. (Foto: Lech Okonski)

Die Sammlung des Schlossmuseums Marienburg

Aufgrund der speziellen Anforderungen, die für die Konservierung von Kunstwerken aus Bernstein nötig sind, gibt es in Museen in ganz Europa nur sehr wenige wirklich bedeutende historische Stücke. Deswegen war es für Museen sehr schwierig, Sammlungen anzulegen, die tatsächlich die ganze Vielfalt an Kunstwerken aus Bernstein repräsentieren, die von Künstlern vom Mittelalter bis ins 20. Jh. geschaffen wurden. Das Museum auf Schloss Marienburg in Polen, das 1961 eröffnet wurde, ist eines der wenigen, denen es gelang, eine sehr große Sammlung qualitativ hochwertiger Bernsteinkunst zu erwerben, die auch die Veränderungen im Kunsthandwerk im Laufe der Zeit widerspiegelt.

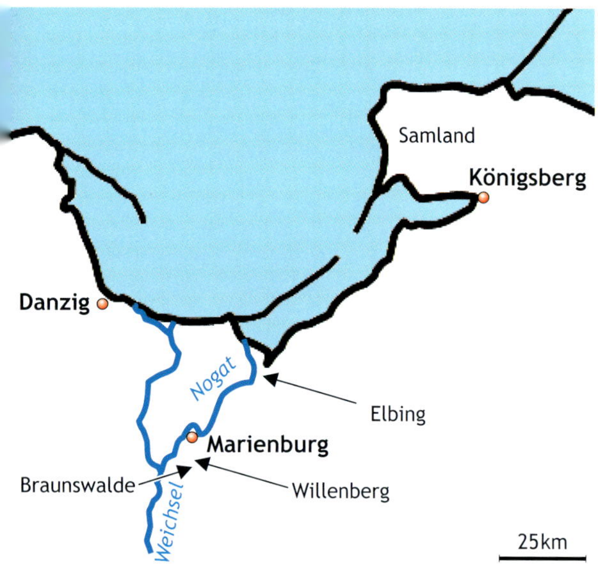

• 36 • Karte des Weichseldeltas und Umgebung.

Das Vorhaben des Museums Marienburg war, eine historisch repräsentative Sammlung kunsthandwerklicher Bernsteinarbeiten zu schaffen; eine Aufgabe, die sich als ausgesprochen schwierig erweisen sollte. Zu der Zeit, als zum ersten Mal das Konzept für das Museum Marienburg entwickelt wurde, waren nur Souvenirs, die als Massenware in Fabriken hergestellt wurden, und einige unbedeutendere Arbeiten aus den Volkskunst- und Kunstgewerbeläden der Handelskette Cepelia verfügbar.

Die Idee, eine bedeutende Bernsteinsammlung gerade in der Deutschordensfestung Marienburg aufzubauen, war kein Zufall, da die Burg und die Umgebung seit frühesten Zeiten eine besondere Beziehung zu Bernstein hatten. Vor etwa 5000 Jahren befanden sich die weltgrößten Bernsteinwerkstätten im Weichseldelta, wo die Menschen der neolithischen Haffküstenkultur mit Bernstein Handel trieben. Später, zur Zeit der Römer, befand sich in der Nähe die Stelle, an der die Bernsteinstraße nach Osten in Richtung Samland abbog. In dieser Epoche entstanden schon bald Siedlungen am rechten Weichselufer und an ihrem Mündungsarm, der Nogat, besonders auf den Gebieten des heutigen Gościszewo (Braunswalde) und Wielbark (Willenberg), wo man bei archäologischen Ausgrabungen, die vom Schlossmuseum Marienburg durchgeführt wurden, zahlreiche römische Artefakte fand. Im 10. Jh. waren Ringe, Spielsteine, Perlen, Halsketten und Anhänger Spezialitäten Danziger Kunsthandwerker. Im 13 Jh. wurde die Marienburg das Machtzentrum des Deutschen Ordens, der die Rechte am Rohbernstein im Ostseeraum über zwei Jahrhunderte lang kontrollierte. Die Marienburg war deshalb der am besten geeignete Ort, um die Geschichte der Entwicklung von Bernsteinerzeugnissen in dieser Region zu erzählen.

Die Sammlung wurde in den 1970er Jahren wesentlich erweitert, zum Einen mit Hilfe von Franciszek Studziński aus Paris, der für das Museum wertvolle Stücke erwarb, zum Anderen durch die Verlegung etwa eines Dutzends antiker Kunstgegenstände aus dem Nationalmuseum Warschau in die Marienburg. Das Museum bemüht sich noch heute, durch Auktionskataloge, private Ankäufe und öffentliche Spenden Exponate zu erwerben, die exemplarisch das Können von Bernsteinmeistern widerspiegeln. Es war und ist ein langer und mühsamer Prozess, da alte Bernsteinobjekte sehr selten und schwer zu finden sind. Trotz dieser Schwierigkeiten ist es dem Museum Marienburg gelungen, über 2000 Exponate aus Bernstein zu erwerben, wobei die Objekte eine Zeitspanne von der neolithischen Haffküstenkultur bis zur Gegenwart umspannen, mit dem Schwerpunkt auf Stücken, die sich durch einen hohen künstlerischen Anspruch auszeichnen. Um Bernstein in all seinen Formen verständlich machen und präsentieren zu können, erweiterte man die Sammlung um bedeutende Stücke aus Roh-

• 37 • Oben: Neolithische Perlen aus der Haffküstenkultur (2100 – 1750 v. Chr.).

• 38 • Unten: Römische Halskette aus Bernstein- und Keramikperlen aus einem Grab bei Willenberg (1. – 4. Jh. n. Chr.).

• 39 • Bernsteinperlen und konische Spielsteine aus dem 9. Jh. vom Gut Hansdorf (heute: Janów Pomorski) bei Truso in der Nähe von Elbing.

bernstein ebenso wie um einige Insekten- und Pflanzeninklusen.

Seit nunmehr fast 50 Jahren heißt die Ausstellung auf der Marienburg Millionen von Touristen aus der ganzen Welt willkommen, damit diese die Bedeutung des Baltischen Bernsteins bei der Ausbildung der Traditionen und der Entwicklung der Kunst in Polen entdecken und bewundern können. Für viele mag Bernstein heute ein relativ unbekanntes, fast schon exotisches Material sein und doch spielte er seit der Vorgeschichte eine bedeutende Rolle bei der wirtschaftlichen und künstlerischen Entwicklung Europas. Um Bernsteinkunst einer breiteren Öffentlichkeit näher zu bringen, wurde die Sammlung von Schloss Marienburg weltweit in zahlreichen, renommierten Museen gezeigt, unter anderem in Europa, den USA, Japan und 2010 in Schottland.

 Ein Bernsteinschiff von Wiesław Książek (1971).

Einige weitere Museen mit bedeutenden Sammlungen sind der Katharinenpalast in Puschkin, das Grüne Gewölbe in Dresden, das Kunsthistorische Museum in Wien, das Kunstgewerbemuseum in Berlin, das Victoria and Albert Museum in London und die Sammlung auf Schloss Skokloster in der Nähe von Uppsala. Jedoch gewährt die Sammlung des Museums Marienburg einen einzigartigen Einblick in die Entwicklung des Bernstein-Kunsthandwerks und die wechselnden Bernsteinmoden im Laufe der Zeit, insbesondere ab dem 16. Jh.

Die weitere Entwicklung der Bernsteinkunst

16. Jahrhundert

Von vielen Stücken des 16. Jh. aus den Sammlungen in der ganzen Welt weiß man, dass sie aus den Werkstätten von Königsberg stammen. Die meisten Objekte aus dieser Zeit sind relativ klein, aufgrund der geringen Größe des Rohmaterials und der Tatsache, dass die Bernsteinmeister jener Zeit noch nicht das Wissen und die Fertigkeit besaßen, kleine Bernsteinstücke zusammenzuschmelzen.

Obwohl ein Großteil der Sammlung aus Exponaten ab dem 17. Jh. besteht, gibt es zwei bedeutende und sehr seltene Schmuckgegenstände aus dem 16. Jh. Bei einem handelt es sich um eine Reihe von zehn großen facettierten Perlen aus der Halskette der Dorothea Sibylle von Brandenburg (1590–1625), die ursprünglich aus 23 Perlen bestand und sich bis zum Zweiten Weltkrieg in der Sammlung des Schlesischen Museums für Kunstgewerbe und Altertümer in Breslau, Polen, befand. Der andere ist eine Halskette aus 49 zylindrischen Perlen aus durchscheinendem Bernstein mit in Flachrelief herausgearbeiteten Girlandenornamenten, die als Statussymbol von einem rei-

• 41 • Zylindrische, verzierte Bernsteinperlen, die zur Ausstattung eines Mannes gehörten, gefertigt in Danzig um 1600.

chen und einflussreichen Mann aus Danzig getragen wurde.

Die Bernsteinverarbeitung in Danzig konzentrierte sich zu Beginn des 16. Jh. immer noch auf religiöse Motive und Objekte, was sich aber bald ändern sollte, als die Reformationsbewegung im zweiten Viertel des Jahrhunderts die Außenbezirke von Danzig erreichte. Diese Bewegung hatte einen ungemeinen Einfluss auf die Vielfalt des Kunsthandwerks, sodass es den örtlichen Bernsteinmeistern nun möglich war, Bernstein in weit mehr Bereichen einzusetzen. Dies wird in einem Brief des päpstlichen Gesandten Kardinal Francesco Giovanni Commendone (1563) betont: „Bernstein wird nun benutzt, um Schatullen, Löffel, kleine Vasen, sogar Vogelkäfige

• 42 • Bernsteinhalskette der Dorothea Sibylle von Brandenburg mit facettierten Perlen.

zu fertigen, eben zu allem, was aufgrund seiner Zerbrechlichkeit eher etwas fürs Auge ist, als dass es einen praktischen Nutzen hätte."

Obwohl die Vielfalt der Erzeugnisse zugenommen hat, führte der beschränkte Zugang zu Rohbernstein in der Bucht von Danzig dazu, dass diese Produkte Luxusgüter wurden, und zwar ausgesprochen teure. Die zulässige Zahl an Bernsteinwerkstätten wurde 1549, wegen der Schwierigkeiten, an Rohmaterial zu gelangen, vom Danziger Stadtrat auf 40 beschränkt. Ein Weg, dieses Problem zu lösen, war, Bernstein aus dem Herzogtum Preußen einzuführen. Die Familie Jaski hatte jedoch fast 100 Jahre lang ein Monopol auf den Bernsteinhandel besessen, nicht nur in Danzig, sondern auch in anderen Städten entlang der Ostseeküste. Das Unternehmen Jaski schrieb den Kunsthandwerkern vor, wie sie den Bernstein zu bearbeiten hatten und was sie daraus fertigen durften. Erst mit dem Tod von Paul Jaski begann sich diese Situation allmählich zu verbessern, obgleich das Unternehmen sein Monopol auf den Bernstein aus Preußen bis 1642 aufrechterhalten konnte.

Bernsteinmeister aus Danzig hatten bei den höheren Schichten des polnischen Staatenbundes, den königlichen Hof eingeschlossen, schon bald einen guten Ruf. Außergewöhnliche, einzigartige und damit teure und begehrte Arbeiten ortsansässiger Meister waren im 16. und 17. Jh. sowohl als Schmuckgegenstände als auch zur Dekoration der Innenräume sehr gefragt. Könige gaben zudem Arbeiten in Auftrag, die als diplomatische Geschenke gedacht waren und waren selbst begeisterte Sammler.

17. Jahrhundert

Gegen Ende des 16. Jh. wurde eine neue Methode der Bernsteinbearbeitung entwickelt, die es erlaubte, größere und aufwändigere Stücke herzustellen. Bernsteinmeister beherrschten die Kunst, kleine Plättchen aus dem Bernstein zu schneiden, in die sie kleine Reliefs meißelten oder deren Unterseite sie gravierten. Diese Plaketten wurden dann zusammengeklebt oder mit Silberrahmen zusammengehalten. Die Technik wird dem Königsberger Bernsteinmeister Georg Schreiber zugeschrieben und so wurden die ersten Schatullen aus Bernstein hergestellt. Bernsteinschatullen, für welche die Werkstätten von Danzig besonders berühmt waren, wurden hauptsächlich dazu benutzt, Schmuck und wichtige Dokumente aufzubewahren. In der Sammlung Marienburg gibt es fünf solcher edlen Schatullen, von denen die älteste sich auf das frühe 17. Jh. datieren lässt. Es handelt sich um eine große, sarkophagähnliche Schatulle, die kein Holzgerüst besitzt, sondern vollständig aus mehrfarbigen Schichten von Bernstein gefertigt wurde, der in unterschiedliche geometrische Formen zugeschnitten wurde. Sie zeichnet sich durch gewundene Säulen mit korinthischen Kapitellen an den Seiten aus.

Schmuckkästchen waren die beliebtesten Erzeugnisse der ortsansässigen Meisterhandwerker. Die Vorteile, welche die Transparenz einiger Bernsteinvarianten bietet, wurden voll ausgeschöpft, indem Miniaturszenen, etwa von Landschaften oder Pflanzenmotive, in die Rückseite der dünnen Bernsteintäfelchen geritzt wurden. Diese wurden dann zu unterschiedlichen Formen zurechtgeschnitten und als Einlegearbeiten in die Kisten eingesetzt. Ab der Mitte des 17. Jh. begann man Holzrahmen zur Konstruktion von Bernsteinobjekten zu verwenden. Die Wirkung, die von der Klarheit des Bernsteins ausging, wurde dabei durch starke Farbkontraste ersetzt. Indem man Blattgoldstücke unter die gravierten Bernsteintäfelchen setzte, wirkten die Garvierungen lebendiger und die ganze Arbeit bekam mehr Leuchtkraft und Glanz (die Eglomisé-Technik). Die größte Errungenschaft der Kunsthandwerker aus Danzig lag darin, die Farben und Kontraste der verschiedenen Bernsteintypen so auszuwählen, dass schöne mosaikhafte Effekte entstanden. Im Vergleich dazu wirken die Arbeiten aus Königsberg sehr monochrom. Die verschiedenen Farben des Rohmaterials wurden auch eingesetzt, um die verschiedenen Felder von Spielbrettern und -figuren unterscheiden zu können, etwa beim Schach.

Eine weitere Schatulle in der Sammlung Marienburg ist eng mit dem Leben König Stanislaus I. Leszczyński verknüpft. Sie ist die einzige, die ein hölzernes Rahmengerüst hat. Es wurde mit mehrfarbigem Bernstein beklebt und mit Medaillons verziert, die durch den Einsatz der Eglomisé-Technik hergestellt wurden und auf denen sich stilisierte Pflanzen und florale Motive finden.

Elfenbein wurde oft in Verbindung mit Bernstein eingesetzt. Bei frühen Arbeiten geschah dies in Form von Täfelchen oder Medaillons mit eingeritzten Blumenmotiven oder mythologischen/biblischen Szenen, die man auf Schmuckkästchen aus Bernstein, Kerzenhaltern oder auf in Danzig hergestellten Familienaltären finden kann. Die Bernsteinmeister aus Danzig scheinen viel mutiger beim Einsatz von Elfenbein gewesen zu sein als die Kunsthandwerker aus anderen Zentren der Bernsteinverarbeitung, etwa ihre Hauptkonkurrenten aus Königsberg.

Die künstlerische Verarbeitung von Bernstein und die charakteristischen Merkmale des florierenden Kunsthandwerks in Danzig wurden von dem päpstlichen Auditor Giacomo Fantuzzi di Ravenna während seines Aufenthalts in Danzig 1652 in seinem Tagebuch vermerkt: „Bernstein wird in Danzig elegant verarbeitet, sowohl die gelbe als auch die weiße Sorte, wobei letztere von weitaus höherem Wert ist, da sie zur Modellierung kleiner Figürchen verwendet wird,

• 43 • Schatullen aus dem 17. Jh. aus der Sammlung des Schlossmuseums Marienburg:

• 43a • Seitenansicht einer Schatulle mit gewundener Säule und korinthischem Kapitell (frühes 17. Jh.).

• 43b • Schatulle aus der Werkstatt von Michael Redlin (ca. 1689), mit…

• 43c • …Detailansicht des Medaillons vom Schatullenboden mit einer Szene, die mit der Eglomisé-Technik hergestellt wurde.

• 43d • Die Schatulle von Stanislaus I. Leszczyński in Seitenansicht (ca. 1700).

die später in gelben Bernstein eingebettet werden; darüber hinaus sind sie so fein gearbeitet, dass sie lebensecht erscheinen, und mit großem Interesse stellt man fest, dass sie sie mit nichts weiter gestalten, als der Spitze eines einfachen Messers." Historische Quellen wie diese liefern uns auch Informationen über einige Bernsteinobjekte, die heute nicht mehr erhalten sind.

Polnische Herrscher besuchten oft Danzig, um Geschenke aus Bernstein für andere Mitglieder europäischer Königshäuser oder Personen aus ihrem Gefolge zu erstehen. Einem Bericht über den Besuch König Johann II. Kasimirs und seiner Frau im Jahr 1651 zufolge präsentierte der Abt von Oliwa Aleksander Kęsowski dem König eine Bernsteinuhr: „ein teures, großes Stück, für das er in Danzig dreitausend Zloty bezahlte." Zu jener Zeit bestellten nicht nur die polnischen Herrscher die Bernsteinerzeugnisse aus Danzig. Friedrich Wilhelm, Herzog von Sachsen-Meiningen, führte die Tradition, diplomatische Geschenke zu überreichen, fort, die von den Hochmeistern des Deutschen Ritterordens begonnen wurde. Obwohl er häufiger die Dienste der Bernsteinmeister aus Königsberg in Anspruch nahm als die der Danziger Kunsthandwerker, war es doch in Danzig, wo er 1676 einen Thron für Kaiser Leopold I. bestellte; 1679 des Weiteren drei Objekte als Geschenk für Versailles, einen Tisch für Wilhelm III. von Oranien ebenso wie einen gewaltigen Spiegelrahmen. Genau dieser Spiegelrahmen, der von Nikolaus Thurau gefertigt wurde, steht im Kunstgewerbemuseum in Berlin. Andere Künstler aus Danzig, besonders die, die im letzten Viertel des 17. Jh. tätig waren, machten sich ebenfalls einen Namen als die Besten in ganz Europa. Michael Redlin war Lieferant hochwertiger Bernsteinobjekte für den russischen und schwedischen Hof und Christoph Maucher, ein Kunsthandwerker, der als freier Künstler arbeitete und keiner Gilde angehörte, wurde der berühmteste Bernsteinmeister in Danzig und lieferte seine Waren an zahlreiche königliche Höfe in ganz Europa.

Maucher kam um 1670 aus Süddeutschland nach Danzig und arbeitete dort, bis ihn 1705 anhaltende Proteste der Gilden dazu zwangen, die Stadt zu verlassen. Durch die Werkstatt seines Vaters, der sich darauf spezialisiert hatte, Musketengriffe zu verzieren, mit der Bearbeitung von Elfenbein vertraut, beherrschte Maucher bald auch die Kunst, mit Bernstein zu arbeiten, für die man recht ähnliche Fertigkeiten benötigte. Maucher wurde vermutlich von dem Danziger Meister Nikolaus Thurau ausgebildet und mit Hilfe von Gottfried Wolfram aus der Werkstatt Thuraus, dem ersten, der am Bernsteinzimmer arbeiten sollte, stellten Thurau und Maucher den Thronsessel für Kaiser Leopold I. her.

Die schönste Schatulle aus der Sammlung Marienburg stammt aus der Werkstatt von Christoph Maucher. Es ist ein wundervolles Stück, charakterisiert durch den aufwändigen barocken Figurenschmuck mit einem maritimen Thema und der Göttin Venus. Vier Beine, die durch mythologische Pferde verbunden sind, die von Putten gelenkt werden, und ein Streitwagen mit Neptun in der Mitte stützen den Schatullenkörper. An den Seiten finden sich Gravierungen von Akanthusranken, facettierte Cabochons und Muschelreliefs. Im Zentrum all dessen steht die Statue der Venus, der Göttin der Liebe, in einer muschelförmigen Ausbuchtung, umringt von Reliefs auf denen Tiere, Girlanden und Früchte dargestellt sind und von Vasen mit Pflanzen aus weißem Bernstein. Auf dem Deckel befindet sich eine Gruppe aus Figuren, welche die drei Göttinnen aus einer Szene aus dem Urteil des Paris darstellt. Im Inneren des Deckels ist ein großes ovales Medaillon, auf dem Venus und Mars abgebildet sind, wie sie sich in Gegenwart einer Putte unter einem Baum ausruhen. In den Boden der Schatulle sind vier Medaillons eingelassen, die Szenen aus dem Leben der Venus darstellen, neben einem zentralen fünften, bei dem die Eglomisé-Technik zum Einsatz kam und auf dem Venus auf einem fliegenden Streitwagen fährt.

Michael Redlins Werkstatt wird eine Schatulle zugeschrieben, die eine Schublade für Schreibutensilien besitzt (Tintenfässchen und Sandstreuer), mit einem Deckel, der von einer Statue der Ceres, der Göttin der Fruchtbarkeit, geschmückt ist. Im Schatullenkörper befinden sich ovale Medaillons mit maritimen Szenen, die mit der Eglomisé-Technik hergestellt wurden, sowie durchscheinende Täfelchen mit floralen und arabesken Verzierungen (vgl. Abbildungen 43b und 43c).

Auch die kleinen Bernsteinkästchen für Schnupftabak oder Parfums sind hervorragende Beispiele für die ausgezeichneten Arbeiten, die zu dieser Zeit gefertigt wurden. Die Deckel dieser Kästchen wurden mit mythologischen Motiven verziert, etwa der badenden Diana oder Narziss, der sein Spiegelbild in einer Quelle bewundert. Auf einer eher kleinen Flasche, die der Werkstatt von Christoph Maucher zugeschrieben wird, sind sehr schön herausgearbeitete nackte Cherubim zu sehen, die sich in Akanthusblätter verfangen.

Etwa um dieselbe Zeit wurde Bernstein auch dazu benutzt, die Griffe von Essbesteck zu verzieren. Ein besonders interessantes Exemplar trägt die Inschrift *Ioannes Henricus Herman Rosenthal Anno 1678*, die mittels der Eglomisé-Technik in transparenten Bernstein graviert wurde. Hiermit handelt es sich um einen der seltenen Fälle, bei dem man das exakte Datum der Herstellung erfährt. Es kommt nicht häufig vor, dass man auf einer Bernsteinarbeit ein Datum findet. Aus der Sammlung Marienburg lassen sich lediglich zwei weitere Objekte auf diese Art datieren. Bei einem han-

• 44 • Barocktruhe aus dem späten 17. Jh. von Christoph Maucher, bei der verschiedene Bernsteintypen benutzt wurden, aufwändig dekoriert mit Skulpturen und vier Beinen, die durch ein Vollrelief und eine Neptunfigur in der Mitte verbunden sind.

• 45 • Detailansicht der Neptunfigur am unteren Teil der Barocktruhe von Christoph Maucher.

• 46 • Phiole verziert mit nacktem Cherubim zwischen Akanthusblättern aus der Werkstatt von Christoph Maucher (Ende 17. Jh.).

• 47 • Kleine Bernsteinkästchen, gefertigt in Danzig Ende des 17. Jh., auf den Deckeln verziert mit Flachreliefs von Narziss an der Quelle (oben) und der badenden Diana (unten).

• 48 • Im späten 17. Jh. gefertigte Kerzenständer aus Danzig. Das Exemplar im Hintergrund hat einen dreieckigen Sockel und stammt aus dem Nationalmuseum Danzig. Der Kerzenständer im Vordergrund wurde wie eine Tulpe geformt.

delt es sich um einen barocken Hausaltar, bei dem anderen um eine Uhr aus Königsberg aus dem 19. Jh.

Kerzenständer aus Bernstein wurden Ende des 17. Jh. ebenfalls hergestellt und wiesen oft aufwändige florale Motive auf. Ein Exemplar ist mit Plättchen aus Perlmutt und reliefierten Elfenbeinplaketten verziert und auf den Sockel wurde ein Hals gesetzt, der aus einigen abgeflachten Bernsteinringen besteht, die in einem Kerzenhalter in Form einer stilisierten Tulpe enden.

Zu jener Zeit wurden immer noch viele Bernsteinobjekte hergestellt, um die Nachfrage nach religiösen Stücken zu bedienen. Ein kunstvolles, reich verziertes Beispiel für diese Art von Arbeiten ist ein auf das Jahr 1687 datierter, großer, mehrstöckiger Hausaltar, wobei jede folgende Etage flacher und kürzer ist als die vorherige, sodass eine sich nach oben hin verjüngende, hoch aufragende Form entsteht. Ein Furnier aus verschiedenfarbigen Bernstein- und Elfenbeinstücken, das auf dem Altar angebracht wurde, lässt ihn durch seine Vielfarbigkeit sehr dekorativ erscheinen. Elfenbein wurde für die Christus- und Engelfigur, das zentrale Relief in der Mitte, auf dem das Letzte Abendmahl dargestellt ist, für mehrere Plaketten mit verschiedenen Szenen aus dem Neuen und Alten Testament sowie für die Balustraden im unteren Bereich benutzt. An der Spitze des Altars befindet sich eine Figur des auferstandenen Christus aus Bernstein.

Ein weiteres Werk sticht durch seine große Statue der Jungfrau Maria mit Jesuskind über einer Mondsichel heraus. Der kleine Altar ist für diese Art Arbeiten eher ungewöhnlich gestaltet, da solche Altäre normalerweise mit einem Kruzifix gekrönt sind. Die jeweiligen Etagen werden durch gewundene Bernsteinsäulen voneinander getrennt und sind mit ovalen und rechteckigen Elfenbeinplaketten mit floralen Motiven und Szenen aus dem Leben Jesu geschmückt.

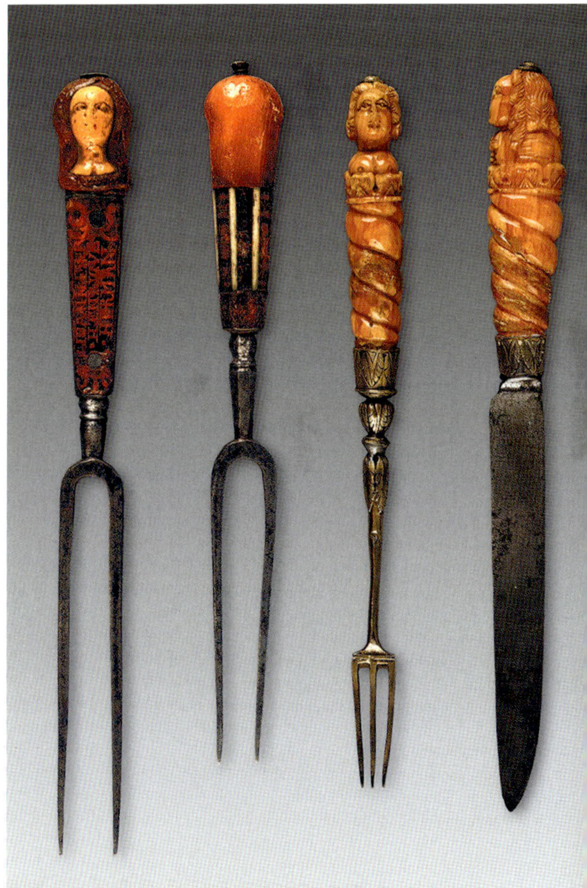

• 49 • Besteck aus dem 17. Jh. mit geschnitzten Bernsteingriffen.

• 50 • Seltener Fall eines datierten Bernsteinaltars aus Danzig mit kunstvoller Architektur, bestehend aus einem Holzgerüst, das mit Elfenbeinskulpturen und -reliefs verziert ist (1687). Detailansicht der Bernsteinarbeiten auf der rechten Seite:

• 51 • (oben) die Kreuzigung;

• 52 • (Mitte) das letzte Abendmahl;

• 53 • (unten) die Geburt Christi, mit eingraviertem Datum unten links.

• 54 • Miniaturaltar aus dem späten 17. Jh. mit einer Madonnenfigur und Jesuskind, verziert mit Elfenbeinmedaillons, auf denen Szenen aus dem Leben Jesu und Marias dargestellt sind, und mit Elfenbeinplaketten mit floralen Motiven.

18. Jahrhundert

Der Bernstein-Reliquienbehälter aus dem 18. Jh. aus der Werkstatt von Michael Redlin ist eines der hervorragendsten Exponate des Bernsteinkunsthandwerks in Europa. Er wurde ausnehmend kunstvoll in Form einer Monstranz (Behältnis zur Aufbewahrung von Reliquien) geschnitzt, die reich verziert ist und die auf einen schlanken Stab gesetzt wurde, der auf halber Höhe einen ornamentierten Nodus aufweist, auf einer Basis, die mit geflügelten Engelsköpfen dekoriert ist. Vier Bernsteinlöwen, den Kopf im Nacken, am Fuß des Werks, die viel zu zerbrechlich aussehen, als dass sie sein Gewicht tragen könnten, erwecken den Eindruck, als erhebe sich das gesamte Gebilde in die Luft. Den Bernsteinmeistern ist es gelungen, den Eindruck von etwas Ätherischem und Unwirklichem zu erwecken.

Seit dem Ende der Besatzung durch den Deutschen Orden 1454 bis zum Beginn des 18. Jh. gehörte das Bernsteinkunsthandwerk zu den führenden Berufen in Danzig und Bernsteinmeister war eine der am höchsten angesehenen Professionen. Anfang des 18. Jh. waren Danziger Meister mit der Schaffung des beeindruckendsten Werks aus Bernstein beschäftigt: dem Bernsteinzimmer. Der Ruhm, den dieses königliche Arbeitszimmer aus Bernstein erlangte, trug zu Beginn jenes Jahrhunderts viel dazu bei, die spezialisierten Kunsthandwerker und Künstler bei den reichen Kaufleuten und beim Adel bekannt zu machen. Objekte aus Bernstein wurden oft gesammelt, um in die Kuriositätenkammern aufgenommen zu werden, die seit dem Ende des 17. bis ins 18. Jh. hinein sehr in Mode waren. Der Umfang dieser Kabinette reichte von Stücken, die auf Tischen ausgestellt wurden, bis zu ganzen Räumen, angefüllt mit einer bunten Mischung aus Objekten, die vom oder für den Besitzer gesammelt wurden. All das erhöhte das Prestige von Bernstein zu jener Zeit ungemein.

Die Sammlung des Museums Marienburg von Bernsteinobjekten aus dem 18. Jh. spiegelt den weniger prunkvollen Stil wider, der zu jener Zeit im Bernsteinkunsthandwerk aufkam. Bei einem Großteil der Gegenstände handelte es sich um kleinen verzierten Modeschmuck und Spiele für gesellschaftliche Anlässe, oft mit einem eingravierten, lehrreichen Sinnspruch. Ein Beispiel hierfür ist ein Spielbrett für Solitär, dessen Oberseite in 20 Quadrate aufgeteilt ist, die durch Rosetten aus hellem Bernstein voneinander abgegrenzt sind. Am Rand des Spielfelds befinden sich vier Medaillons mit eingravierten Szenen und zu jener Zeit modischen französischen Inschriften, wie „Neugierde ist gefährlich". Die natürlichen Unterschiede bezüglich Farbe und Opazität der Bernsteintypen machten auch Schach zu einem populären Erzeugnis der Bernsteinwerkstätten, schon lange vor dem 18. Jh.

Eine bedeutende Bernsteinarbeit aus dem 18. Jh. tauchte überraschenderweise in Schottland auf. Wie sie dorthin kam, ist ein kleines Rätsel, doch einst gehörte sie dem letzten König von Polen, Stanislaus II. August Poniatowski, der 1795 gezwungen wurde abzudanken, nach St. Petersburg zu ziehen und im Jahr 1798 hoch verschuldet starb. Lady Barbara Carmont aus Edinburgh stiftete dieses bedeutende Werk der Sammlung des Schlossmuseums Marienburg. Lady Carmonts Aussagen zufolge gelangte es nach dem Tod des Königs nach Italien. Dort hatte es ein Vorfahre von Lord Carmont erworben, der zu jener Zeit Schatzmeister im Vatikan war. Das Kabinett ist, abgesehen von seinem unleugbaren künstlerischen Wert, für Polen auch von immenser historischer Bedeutung, da sich darauf Szenen und Inschriften finden, die sich auf die wichtigsten Ereignisse im Leben Stanislaus Augusts beziehen. So-

• 55 • Bernstein-Reliquienbehälter in Form einer Monstranz. Die Einbuchtung für die Reliquien in der Mitte hatte ursprünglich kleine Türchen. Die Arbeit ist im oberen Bereich mit Flachreliefs aus Bernstein und Elfenbein dekoriert, die Szenen aus dem Leben Christi, dem der Heiligen Helena sowie weitere Szenen darstellen.

• 56 • Bernstein-Schachfiguren aus dem frühen 18. Jh.

• 57 • Solitärspiel aus dem 18. Jh.

• 58 • Barockes Bernstein-Miniaturkabinett aus dem Besitz des Königs Stanislaus II. August Poniatowski mit einer Madonnenstatue in einer Aussparung, umgeben von elf Schubladen. Hergestellt in Danzig nach 1771. Spendengabe von Lady Barbara Carmont aus Edinburgh an die Sammlung des Schlossmuseums Marienburg im Jahr 1979. Unter den deutschen Inschriften finden sich Sätze von König Stanislaus, wie „Ich werde zurückkehren", „Leben aus dem Tod", „Schwache Soldaten sehnen sich nach Frieden", neben Erinnerungen an Ereignisse wie „Der Eid, den Stanislaus August us leisten musste, da er von Kosińsky, am 3. November 1771, im Wald von Bielany dazu gezwungen wurde".

gar noch bedeutender sind einige persönliche Inschriften, die unterhalb der Bernsteinmedaillons versteckt sind, in denen die Verbitterung zum Ausdruck kommt, die der Monarch empfand, nachdem er im November 1771 beinahe von der Konföderation von Bar (einem Zusammenschluss polnischer Adliger) entführt worden wäre. Das Schränkchen sieht wie ein kleines Barockkabinett aus, das mit Schubladen angefüllt ist. In der Aussparung in der Mitte befindet sich eine Marienstatue mit Jesuskind aus dem 17. Jh., die älter als das Kabinett selbst ist. Vielleicht gab Stanislaus August dieses Möbelstück mit der Absicht in Auftrag, die Bernsteinmadonna in die Aussparung als Votivgabe dafür einzusetzen, gerettet worden zu sein.

Ein Großteil der Informationen über Bernsteinarbeiten wurde aus zeitgenössischen Dokumenten und Entwürfen zusammengetragen, wie beispielsweise einer Rechnung, ausgestellt von Michael Redlin, über die Fertigstellung dreier Bernsteinarbeiten, die von Friedrich III., dem späteren Friedrich I., König von Preußen,

• 59 • Michael Redlins Zeichnungen von einigen der Geschenke, die für die russischen Zaren Iwan und Peter Alexejewitsch gedacht waren.

als Geschenk für den russischen Zaren in Auftrag gegeben wurden. Die Objekte, die im Dokument erwähnt werden, ein Kronleuchter, ein Schmuckkästchen und ein Schachspiel, wurden höchstwahrscheinlich während des Feuers im Moskauer Arsenal 1737 zerstört. Glücklicherweise hatte der Künstler die gezeichneten Entwürfe der Rechnung beigefügt. Diese sehr detaillierten Zeichnungen ermöglichen es, andere unsignierte Arbeiten aufgrund stilistischer Ähnlichkeiten der Werkstatt Redlins zuzuschreiben.

Etwa in der Mitte des 18. Jh. fand ein langsamer Rückgang der Herstellung von Bernsteinkunstwerken statt. Dazu trugen verschiedenen Faktoren bei, wie die geringere Verfügbarkeit von Rohmaterial und die sinkende Nachfrage nach den großen und teuren Arbeiten, die davor sowohl beim Danziger Adel als auch beim königlichen Hof sehr beliebt gewesen waren. Der Tropfen, der das Fass zum Überlaufen brachte, war die Eingliederung der Stadt 1793 zu Preußen und der beginnende Verfall ihrer wirtschaftlichen Überlegenheit aufgrund der preußischen Kriege des 18. Jh.

19. Jahrhundert

Die politische Situation im 19. Jh. führte dazu, dass Danzig zu einer preußischen Provinzstadt wurde, während Königsberg eine führende Rolle zu spielen begann. Auf der Halbinsel Samland in der Nähe von Königsberg nahm die Bernsteingewinnung und -verarbeitung industrielle Ausmaße an, wobei der Rohbernstein in großen Mengen in die ganze Welt verkauft wurde. Der Schwerpunkt, der auf Bernstein basierenden Produkte, die aus dem hier gewonnenen Material hergestellt wurden, lag auf der Tabakindustrie, wobei die Wiener Werkstätten besonders berühmt dafür waren, Pfeifenmundstücke und andere Raucherutensilien aus Bernstein herzustellen.

Da Bernstein brennt, wenn man ihn anzündet, wurde er nur für das Mundstück verwendet. Das Hauptstück der Pfeife bestand in der Regel aus Meerschaum oder Silber. Das Silber wurde für gewöhnlich mit filigranen Bänderverzierungen verse-

hen, die stilisierte Pflanzenmotive oder bisweilen geometrische Figuren darstellten. Meerschaum, ein Tonmineral auch bekannt als Sepiolith, das aus der Türkei eingeführt wurde, verwendete man am häufigsten für die Verzierung von Pfeifen. Meerschaum ließ sich leicht bearbeiten, was dazu führte, dass aufwändige, reliefartig vorstehende Figuren von Menschen und Tieren herausgearbeitet und Initialen und Familienwappen als Dekoration in den Pfeifenstiel graviert wurden. Die angefügten Mundstücke aus Bernstein waren für gewöhnlich entweder s-förmig gebogen oder gerade und abgeflacht.

Neben Raucherzubehör, wofür Bernstein zu dieser Zeit am häufigsten eingesetzt wurde, machte man aus ihm auch

• 60 • Auswahl an Pfeifen- und Zigarettenhaltern aus dem 19. und frühen 20. Jh. mit Mundstücken aus Bernstein und aus Meerschaum gearbeiteten Figuren.

Schmuckgegenstände, etwa kleine Schachteln, Kettenanhänger, Halsketten und auch Broschen, manchmal mit Gold- und Silberverschlüssen.

Das Bernsteinzimmer

Das ursprüngliche Bernsteinzimmer ließ König Friedrich I. in Preußen im frühen 18. Jh. erbauen. Als es fertiggestellt war, machte es dessen Sohn König Friedrich Wilhelm I. seinem Verbündeten Peter dem Großen, dem Zaren des Russischen Reichs, zum Geschenk. Die unvorstellbare Menge von sechs Tonnen Bernstein wurde benutzt, um die Wände mit einer Täfelung aus Bernstein zu verkleiden, die mit Blattgold hinterlegt war. Während des Zweiten Weltkriegs wurde das Zimmer zusammen mit vielen anderen Kunstwerken von den Nazis geraubt und sein Aufenthaltsort bleibt bis heute ein Geheimnis. Das sogenannte „achte Weltwunder" wurde damit zu einem der größten Rätsel des 20. Jh. Es gibt so viele unwahrscheinliche Thesen und unglaubwürdige Verschwörungstheorien über das Bernsteinzimmer, dass es schwierig ist, Wahrheit und Fiktion auseinanderzuhalten. 1979 wurde das Bernsteinzimmer in Puschkin, dem früheren Zarskoje Selo („Dorf des Zaren"), in der Nähe von St. Petersburg nachgebaut. Heutige Bernsteinkunsthandwerker mussten sich alte Techniken wieder aneignen und neue entwickeln, um den Bernstein in die gewünschte Form zu bringen, zu bearbeiten und zu färben. Das neue Bernsteinzimmer wurde schließlich 2003 zum 300. Geburtstag der Stadt St. Petersburg fertiggestellt.

• 61 • Der Katharinenpalast in St. Petersburg.

Der Bau am ursprünglichen Bernsteinzimmers begann 1701 in Preußen im Sitz der preußischen Könige, dem Stadtschloss Berlin, im Auftrag von Friedrich I., der es auf Wunsch seiner zweiten Frau Sophie Charlotte von Hannover erbauen ließ. Das Zimmer wurde von Andreas Schlüter, dem königlichen Architekten und Hofbildhauer aus Danzig entworfen, der auch als Baumeister für den russischen Zaren Peter arbeitete, die Fassade der königlichen Kapelle der Marienkirche in Danzig entwarf und daneben auch noch viele architektonische und bildhauerische Arbeiten in Polen für König Johann III. Sobieski und andere ausführte. Leider wurde ein Großteil seiner architektonischen Arbeiten an Staatsgebäuden in Berlin während des Zweiten Weltkriegs zerstört.

Gottfried Wolfram, ein dänischer Bernsteinmeister, der auf Empfehlung des dänischen Königs Friedrich IV. kam, erhielt die Aufgabe, das Zimmer in Berlin zu erbauen. Wolfram und Schlüter wurden schließlich die Opfer einer „Hofintrige" und 1707 von ihren Aufgaben entbunden. Die Bernsteinmeister Ernst Schlacht und Gottfried Thurau wurden aus Danzig gerufen, um die Arbeit fortzuführen. Sophie Charlotte von Hannover starb 1705, bevor das Zimmer fertiggestellt wurde, die Arbeit aber dauerte bis 1713 an, als auch Friedrich I. starb und sein Sohn Friedrich Wilhelm I. ihm als König nachfolgte. Alle Arbeiten am Bernsteinzimmer wurden gestoppt, da Friedrich Wilhelm I. im Bau nur eine Verschwendung von Mitteln sah. Es wurde von Thurau und Schlacht katalogisiert und verpackt. 1716 entschloss sich Friedrich Wilhelm, dem Zaren Peter dem Großen den Bernstein zu schenken, um das Bündnis mit Russland gegen den gemeinsamen Feind Schweden zu festigen. Schlüter, der zu jener Zeit gerade für den Zaren arbeitete, hatte diesem bereits davor von seinem einzigartigen Entwurf berichtet.

Im Juli 1717 kamen die Kisten mit dem Bernstein unbeschadet in St. Petersburg an. Trotz seiner Begeisterung für dieses Kunstwerk kam Zar Peter nicht mehr dazu, das Zimmer vollständig einbauen zu lassen, bevor er 1725 starb. Das Bernsteinzimmer wurde zum ersten Mal komplett eingebaut, nachdem es die Zarin Elisabeth von Russland für den Winterpalast in St. Petersburg umbauen ließ, wo es zwischen 1746 und 1755 für offizielle Anlässe genutzt wurde. Es wurde daraufhin in die Sommerresidenz der Zaren nach Zarskoje Selo, 25 km südöstlich von St. Petersburg, in den Katharinenpalast überführt. Man ließ noch mehr Baltischen Bernstein aus Preußen kommen, um das Bernsteinzimmer zu erweitern und einige neue Entwürfe von Bartolomeo Rastrelli, dem Architekten sowohl des Winter- als auch des Katharinenpalasts, zu integrieren. Offenbar wurde das fertige Zimmer von 565 Kerzen in gleißend helles Licht getaucht, das golden und warm von den Spiegeln, Vergoldungen und Bernsteinmosaiken reflektiert wurde.

Das Bernsteinzimmer blieb, abgesehen von einigen Renovierungs- und Konservierungsarbeiten im 18. Jh., im Großen und Ganzen unverändert, bis 1941 die Wehrmacht in der Sowjetunion einfiel. Der Angriff trug den Decknamen „Unternehmen Barbarossa", nach dem Kaiser des Heiligen Römischen Reichs Friedrich Barbarossa, dem Anführer des Dritten Kreuzzugs ins Heilige Land im 12. Jh. Die Kuratoren, die dafür verantwortlich waren, die sowjetischen Kunstschätze zu schützen, hatten Schwierigkeiten die Täfelung zu entfernen, da der Bernstein über die Jahre spröde geworden war. Sie entschieden sich die Paneele mit Tapeten zu überdecken, um die Pläne der Naziplünderer zu vereiteln. Unglücklicherweise und vielleicht auch nicht sehr überraschend konnten sie mit dieser List die Nazis nicht täuschen und diese entfernten das Bernsteinzimmer innerhalb weniger Stunden. Es wurde nach Königsberg gebracht, wo es teilweise ausgestellt, größtenteils jedoch im Schloss eingelagert wurde.

1945 gab Hitler den Befehl, mit dem die Ausfuhr kultureller Güter aus Königsberg bewilligt wurde. Erich Koch, Gauleiter der NSDAP in Preußen, war für die Operation verantwortlich, doch niemand kann mit Sicherheit sagen, was mit den Kisten geschah, die die wertvollen Bernsteinarbeiten aus Königsberg enthielten. Manche behaupten, sie seien mit dem Zug weggeschafft oder in alten Bergwerken vergraben worden und andere, dass sie an Bord des Passagierschiffs *Wilhelm Gustloff* gebracht worden seien, die von einem sowjetischen U-Boot versenkt wurde oder dass sie vielleicht sogar nach Deutschland gelangt sein könnten. Königsberg selbst wurde von der britischen Luftwaffe heftig bom-

• 62 • Das ursprüngliche Bernsteinzimmer, bevor es im Zweiten Weltkrieg verschollen ging. Fotografie von Sergei Michailowitsch Prokudin-Gorski.

• 63 • Das neue Bernsteinzimmer.
(© Roland Weihrauch / dpa)

bardiert und von der vorrückenden Roten Armee stark zerstört und so könnte auch das Bernsteinzimmer während dieser Angriffe vernichtet worden sein, obwohl der Bernstein in das Kellergewölbe des Schlosses gebracht wurde, nachdem die Bombenangriffe 1944 begannen.

Etliche Bücher wurden über das Rätsel geschrieben, was mit den Paneelen des Bernsteinzimmers geschehen sein könnte. In einem dieser Bücher, das von den beiden Enthüllungsjournalisten Catherine Scott-Clark und Adrian Levy verfasst wurde (2004), wird die These aufgestellt, dass die Rote Armee das Bernsteinzimmer wahrscheinlich 1945 zerstörte. Die Paneele wurden anscheinend im Königsberger Schloss in Kisten verpackt und waren bereit für den Abtransport nach Deutschland, als die Sowjets kamen. Bald nachdem das Schloss eingenommen worden war, zerstörte ein Brand den Raum, in dem sich die Kunstwerke befanden. Wurde das Bernsteinzimmer vielleicht von den Sowjets mitgenommen oder in dem Feuer, das die Sowjets legten, zerstört? Mit Sicherheit ist diese Theorie sehr umstritten und die Russen weisen diese Darstellung entschieden zurück, zumal ein russischer Gesandter, der die Angelegenheit untersuchen sollte, 1945 das Bernsteinzimmer als verschollen und nicht als zerstört meldete. Andere Theorien gehen davon aus, dass die Sowjets das Bernsteinzimmer fanden und versteckten, um die Nazis für den Diebstahl verantwortlich zu machen. Diese Vermutung wurde von den Sowjets insofern bestärkt, als sie Archäologen und Historikern den Zugang zu der Schlossruine verwehrten und sie in den 1960er Jahren von der Armee sprengen ließen, um den Bau des „Haus der Sowjets“ in Königsberg zu ermöglichen. Die Russen akzeptieren auch heute noch nicht, dass die Sowjets in irgendeiner Weise etwas mit dem „Verschwinden“ des Bernsteinzimmers zu tun gehabt haben könnten. Nun, nach so langer Zeit, ist es unwahrscheinlich, dass die Paneele ohne eine entsprechende Pflege überdauert haben. Und dennoch behaupten einige kapitalkräftige Schatzjäger weiterhin, dass das Bernsteinzimmer immer noch da draußen ist und dass nur sie wüssten, wo es sich befinde.

Obwohl man das Bernsteinzimmer vermutlich niemals wiederfinden wird, tauchen von Zeit zu Zeit doch immer wieder Teile davon auf, wie etwa ein kleines verkohltes Fragment, das ein sowjetischer Forscher entdeckte. Ein weiteres Stück, das angeblich von einem deutschen Soldaten gestohlen worden war, der mitgeholfen hatte, die Bernsteinpaneele zu verpacken, tauchte in Deutschland zum Verkauf auf. Es handelte sich um den Kopf eines Kriegers aus einem Florentiner Mosaik, der zu einer Gruppe von insgesamt vier gehörte. Nichtsdestotrotz lieferte er keine Hinweise auf den Verbleib des restlichen Bernsteinzimmers. Vielleicht werden eines Tages mehr Beweise auftauchen, die zumindest erahnen lassen, was wirklich mit dem Original des Bernsteinzimmers geschah.

1979 begann die Rekonstruktion des Bernsteinzimmers anhand von Dokumenten, die Thurau und Schlacht vom Originalzimmer angefertigt hatten und von Vorkriegsbildern des Zimmers im Katharinenpalast. Zunächst drohte das Projekt wegen mangelnder finanzieller Mittel gleich zu Beginn zu scheitern, doch wurde es zum Teil von Ruhrgas (dem Essener Energieversorgungsunternehmen Ruhrgas AG mit Interessen in Russland) gerettet, nachdem die russische Regierung dem Projekt in den 1990er Jahren die Mittel entzog. Die Bernsteinkunsthandwerker mussten sich die alten Techniken, wie man Bernstein schnitzt, modelliert, färbt und die einzelnen Teile anpasst, wieder aneignen und neue Techniken entwickeln, um das Projekt bis zum 300. Jubiläum von St. Petersburg fertigzustellen. Es wird geschätzt, dass sich die Gesamtkosten für die Fertigstellung des Bernsteinzimmers auf über acht Millionen Euro beliefen.

Nachdem es endlich fertiggestellt war, wurde das neue Bernsteinzimmer von dem russischen Präsidenten Wladimir Putin und Bundeskanzler Gerhard Schröder am 31. Mai 2003 in Puschkin eröffnet.

Bernstein im 21. Jahrhundert

Die Veränderungen in der polnischen Kunst wurden stark von den politischen Umbrüchen im 20. Jh. beeinflusst. Die beiden Weltkriege zwischen 1914 und 1945 brachten die polnische und europäische Bernsteinindustrie praktisch völlig zum Erliegen, indem alle kunsthandwerklichen Werkstätten in Danzig während der Kämpfe zerstört wurden.

Unmittelbar nach dem Zweiten Weltkrieg blieb der Handel mit Bernstein und die Herstellung von Bernsteinarbeiten schwierig, da Form und Inhalt in der Phase des sogenannten Sozialistischen Realismus vorgegeben waren und von der kommunistischen Sowjetregierung oktroyiert wurden. Die staatlich kontrollierte Bernsteinfabrik im Danziger Stadtteil Langfuhr (Wrzeszcz) überwachte Produktion und Gestaltung der Bernsteinarbeiten, wobei über viele Jahre hinweg importierter Bernstein aus der Sowjetunion benutzt wurde. Mit Stalins Tod 1953 lockerte sich allerdings die strenge politische Kontrolle über die künstlerische Gestaltung. Obwohl die Volksrepublik Polen bereits 1952 ihre Geburtsstunde hatte, interessierten sich Künstler erst wieder in den frühen 1960er Jahren für Bernstein, als liberalere Zeiten anbrachen. Mit der Eröffnung einer Dauerausstellung über Bernstein auf der Marienburg 1965 war es Künstlern wieder möglich ihre Fähigkeiten in einem renommierten Museum zu präsentieren. Ungefähr zur selben Zeit, 1966, eröffneten weitere Museen, wie das Muzeum Sztuki in Lodz und die Galleria Foksal in Warschau, die die Avantgarde-Bewegung in Polen förderten.

Erneut ist Polen weltweiter Vorreiter bei der Herstellung einzigartiger Kunstwerke, für die es sein hochgeschätztes fossiles Baumharz einsetzt. Neue Techniken und Technologien, von denen viele Betriebsgeheimnisse sind, werden fortwährend entwickelt und entschädigen für jene, die im Verlauf der Jahrtausende alten Tradition der Bernsteinbearbeitung und während der politischen Veränderungen in dieser Region verloren gegangen sein mögen.

1989 wählte Polen mit dem Sieg von Solidarność den Kommunismus endgültig ab und entschied sich für ein demokratisches System. Die Künstler wurden stark von den politischen Veränderungen, die in den 1980er Jahren stattfanden, beeinflusst und trugen dazu bei, das polnische Selbstverständnis jener Zeit mitzuentwickeln.

Polens Wohlstand ist heute so stark gewachsen, dass es eine der florierendsten Volkswirtschaften der postkommunistischen Länder ist und Bernstein hat zu diesem Erfolg beigetragen.

Bernstein bleibt auch weiterhin ein bedeutender Bestandteil der Kunst, mit Festivals und Ausstellungen moderner Exponate im gesamten Ostseeraum. Künstler aus aller Welt nehmen an Wettbewerben, Ausstellungen und Seminaren teil. Mittlerweile gibt es weltweit Ausstellungen mit zeitgenössischen Bernsteinarbeiten, in denen sowohl die Werke von Studenten als auch die etablierter Künstler gezeigt werden. Eines der bekannteren Festivals ist die internationale Bernsteinmesse Amberif in Danzig, die sich vornehmlich an den Handel richtet. Zur 16. Amberif im März 2009 kamen über 450 Aussteller aus zwölf Ländern. Im Rahmen dieser Messe gibt es zwei große Wettbewerbe für Designer: den Elektronos Amberif Design Award, bei dem ein bestimmtes Thema vorgegeben ist, und den Schmuckwettbewerb Mercurius Gedanensis. Es gibt auch einen nationa-

• 64 • Das von Muskelkraft betriebene Krantor aus dem 14. Jh. mit Geschäften, die Bernstein verkaufen, auf der linken Seite.

• 65 • Eine Arbeit von Giedymin Jabłoński.

• 66 • Halskette aus Baltischem Rohbernstein aus Litauen, die Kindern beim Zahnen helfen soll.

len polnischen Wettbewerb für Lehrlinge und ausgebildete Goldschmiede, namens Bursztynowe Rzemiosło, um den Gebrauch von Bernstein in Schmuckstücken zu fördern. Tatsächlich wurden all diese Auszeichnungen geschaffen, um für den Einsatz von Baltischem Bernstein in Schmuck und anderen künstlerischen Erzeugnissen zu werben.

Ein weiteres Großereignis, bei dem Baltischer Bernstein im Mittelpunkt steht, ist die viertägige Schmuckausstellung Amber Trip, die in Litauens Hauptstadt Vilnius stattfindet. Obwohl sie erst 2003 zum ersten Mal stattfand, hat sie sich bereits etabliert und wirbt für Vilnius als Hauptstadt der baltischen Schmuckindustrie.

Am häufigsten wird Bernstein in der Kunst vermutlich bei der Schmuckherstellung verwendet, wobei einer der bekannteren Schmuckkünstler aus Danzig Giedymin Jabłoński ist. Er hat sich seit den 1970er Jahren, in einer Zeit, als kaum jemand das Entwerfen von Schmuck für Kunst erachtete, für die polnische Schmuckkunst und den Einsatz von Bernstein in der Kunst starkgemacht. Seine Arbeit ist facettenreich und greift auf eine Vielzahl von Techniken und Materialien zurück, mit denen er die starke Verbindung eines Schmuckstücks mit seinem Träger betont. Da Bernstein eines seiner Lieblingsmaterialien ist, kommt er in seinen Entwürfen häufig zum Einsatz.

„Ein gewöhnlicher Mensch verbindet mit der Welt des Schmucks zunächst glänzende kostbare Ketten und Ringe und bemisst ihren Wert und ihre ‚Schönheit' nach der Karatzahl der wertvollen Metalle und Steine, aus denen sie gemacht sind. Ein Künstler allerdings, besonders einer der sich mit Schmuck auseinandersetzt, um sich selbst auszudrücken, sieht ein Schmuckstück in erster Linie als ein Kunstwerk, das man auch tragen kann." (Giedymin Jabłoński)

• 67 • Jacek Ostrowskis Arbeit, mit der er auf der Amberif 2006 den Mercurius Gedanensis gewann.

Wie bei jeder Kunst spiegelt sich auch in der Arbeit des Schmuckkünstlers seine Umwelt wider. Faktoren wie wechselnde Moden, äußere Eindrücke und Überzeugungen haben alle Einfluss auf ihre Kunst. Als der Kommunismus in Polen zusammenbrach, fanden es viele Menschen schwierig, mit den neuen Freiheiten umzugehen. Das Problem dabei war nicht so sehr, dass Grenzen verschwanden, sondern dass sie sich verlagerten. Als sich die Künstler mit neuen Grenzen konfrontiert sahen, stellten sie Arbeiten her, die diese Grenzen einer neuen Gesellschaft erforschten und auf die Probe stellten und sie in einigen Fällen vielleicht sogar definierten. Die Kunstwerke, die ein Ergebnis einer solchen Umwelt sind, sind manchmal pompös, roh, extravagant, kompliziert, aber auch einfach, kreativ und bedeutungsvoll. Bei einem Kunstwerk, das auch gleichzeitig ein Schmuckstück ist, ist es entscheidend, dass es funktional und persönlich ist und dass es eine Botschaft des Künstlers, möglicherweise auch eine des Trägers vermittelt, obwohl manche Stücke tatsächlich nur ein rein ästhetisches Vergnügen bereiten sollen. Schmuck wird gemacht, damit er getragen wird, und ist deswegen ein wirkungsvolles Medium, Ideen und Gefühle einem breiteren Publikum mitzuteilen. Bernstein spielt heute eine tragende Rolle bei dieser Form des künstlerischen Ausdrucks in der Ostseeregion.

Die Vielfalt der Ausdrucksformen, bei denen Bernstein als Mittel der Kommunikation in der Kunst eingesetzt wird, ist groß. Es gibt zeitgenössische Bernsteinarbeiten, die jeden Geschmack und jede Vorstellung ansprechen – einige davon sagen vielleicht nur einer kleinen Gruppe zu und einige würden die meisten Menschen vermutlich nicht als Kunst betrachten.

Nicht aus jedem Bernstein wird auch „Bernsteinkunst“ gemacht. Vielmehr ist es so, dass ein Großteil des Bernsteins, der für Schmuckstücke eingesetzt wird, nicht als Kunst angesehen wird, sondern rein funktional und von rein ästhetischem Wert ist. Skulpturen, Schnitzereien, Broschen, Ringe, Halsketten, Ohrringe und Armreifen, die zumindest teilweise aus Bernstein gemacht sind, werden für gewöhnlich als Modeschmuck verkauft. Massengefertigte, beliebte Schmuckgegenstände werden in die ganze Welt verkauft. Bernstein kann fast so gestaltet, bearbeitet und selbst so facettiert werden, als würde er in einer Fabrik am Fließband hergestellt. Einige Stücke dieses massenhaft gefertigten Schmucks können sogar Einzelstücke sein, wenn der Rohbernstein oder die natürliche Form des Bernsteins einzigartig ist. Die verschiedenen Stufen der Massenproduktion von Perlen reichen von roh, über poliert, zu geformten und geschliffenen Perlen verschiedener Größen. Cabochons aus Bernstein werden oft für Broschen, Kettenanhänger und Ringe benutzt. Der Bernstein kann so bearbeitet werden, dass der beliebte „Sonnenflinten“-Effekt nachgebildet wird, oder so zusammengesetzt, dass ein Mosaik entsteht. Halsketten aus rohem und poliertem Bernstein werden immer noch für zahnende Kleinkinder hergestellt, da der Bernstein weicher als Zähne und ungiftig ist. Einige glauben auch, dass er auf ihre Kinder eine gesundheitsfördernde Wirkung hat.

Die Bernsteingewinnung im Ostseeraum hat in den letzten Jahren erheblich abgenommen. Im Jahr 2000 betrug das geschätzte Gesamtgewicht des gewonnenen Bernsteins im Ostseeraum ungefähr 510 Tonnen und fiel 2006 auf ein geschätztes Gesamtgewicht von 200 Tonnen. Die tatsächlichen Zahlen können nur geschätzt werden, da nicht genau bekannt ist, wie viel Bernstein illegal abgebaut wird. Der geschätzte Anteil der illegalen Förderung im Jahr 2000 belief sich auf etwa 11 % und ist bis 2006 auf etwa 30 % angestiegen. Im selben Zeitraum lieferten Russland und die Ukraine zusammen über 90 % des weltweiten Bernsteins. Andere Länder, die nicht den Baltischen Bernstein abbauen, wie die Dominikanische Republik, Mexiko, Myanmar, Sizilien und Japan, haben 2006 insgesamt ungefähr zwei Tonnen des gesamten Bernsteins gefördert, nur einen Bruchteil dessen, was die Staaten an der Ostsee gewonnen haben. Strengere Umweltschutzbestimmungen bei den Bergbaubetrieben in Russland und der Ukraine haben die Menge an Bernstein begrenzt, die für die Herstellung von Schmuck in Polen zur Verfügung steht. Die Reaktion der polnischen Schmuckindustrie darauf war, den prozentualen Gewichtsanteil von Silber in Bernsteinschmuck von 85 % im Jahr 2000, auf 90 % 2007 zu erhöhen, damit das Schmuckgeschäft sich auch weiterhin rentiert. Die gestiegenen Kosten für Silber sind ebenfalls ein wichtiger Faktor dafür, inwieweit Bernsteinerzeugnisse profitabel sind. Im Jahr 2004, als Polen der Europäischen Union beitrat, kostete die Unze Silber 5,48 US-Dollar, 2008 stieg der Preis pro Unze auf 17,92 US-Dollar. Dadurch ist es schwierig für Kunsthandwerker und Schmuckhersteller, einen stabilen Preis für Bernsteinschmuck aufrechtzuerhalten, ohne ihre Profite entscheidend zu schmälern oder gar keine Gewinne zu erzielen.

Die Bernsteinproduktion in Polen wurde in den letzten Jahren immer stärker industrialisiert. Größere Firmen profitierten von einer tiefen Einheitssteuer von 19 % auf alle Einkommen, wodurch es ihnen möglich war, in neue Anlagen, Geräte und Verkaufsstellen zu investieren. Kleinere Familienunternehmen zogen dabei jedoch den Kürzeren und der Zusammenbruch vieler dieser Kleinbetriebe führte zu einer gewaltigen Abnahme der Beschäftigten in der polnischen Bernsteinindustrie.

Polen ist immer noch der größte Hersteller von Endprodukten aus Bernstein, mit einer Gesamtproduktion im Wert von ungefähr 360 Millionen US-Dollar im Jahr 2006. Litauen ist mit Endprodukten im Wert von nur 100 Millionen US-Dollar der schärfste Konkurrent. Obwohl diese Schätzungen nur vage sind, liefern sie doch einen Hinweis darauf, wie die Anteile an Bernsteinendprodukten in der Ostseeregion ungefähr aufgeteilt sind. Worüber sie jedoch keinen Aufschluss geben, ist die große Anzahl an illegal eingeführten Endprodukten aus Russland und Litauen, die auf dem polnischen Markt verkauft werden. Der einheimische Markt für Bernsteinprodukte in Polen wächst, wobei die Nachfrage nach Erzeugnissen aus Bernstein mit Silber am größten ist. Nicht nur der Schmuckmarkt floriert, sondern Bernstein wird auch immer häufiger für luxuriöse Tafelservices, Essbestecke und Dekorationsgegenstände eingesetzt. Allerdings sind rohe und kleine polierte Nuggets und billige Souvenirs auf dem einheimischen Markt weniger gefragt und werden eher ins Ausland verkauft.

Obwohl der illegale Handel mit Bernstein mittlerweile wieder etwas zurückgegangen ist, nimmt ihn die polnische Zollbehörde sehr ernst. Anstatt diejenigen ins Visier zu nehmen, die nur in kleinem Maßstab schmuggeln, konzentriert sie sich eher auf den Grenzschmuggel mit größeren Mengen. 1998 wurden nur ein paar Dutzend Kilo illegal eingeführten Bernsteins an der ukrainisch-polnischen Grenze beschlagnahmt. Die Menge stieg auf über 500 Kilogramm im Jahr 2006 an und nimmt seitdem wieder ab, woraus sich die Effizienz des Vorgehens der Behörden ablesen lässt. Anstatt Rohbernstein illegal über die Grenze zu bringen, verlagerten sich die Schmuggler auf bearbeiteten Bernstein von meist hoher Qualität. Daraus kann man schließen, dass die Schmuggler Zugang zu gut ausgestatteten, illegalen Werkstätten hatten und in der Lage waren, ausgebildetes Personal anzuheuern. Pläne zu Gesetzesänderungen in der Ukraine könnten dazu führen, dass diese Werkstätten in Zukunft nicht mehr illegal sind und den polnischen Werkstätten Konkurrenz machen oder sogar mit ihnen kooperieren könnten.

Die Bernsteingewinnung nimmt ab und veraltete Minenausrüstung wurde nicht ersetzt, da die Kosten weiterhin ansteigen. Dies könnte dazu führen, dass es immer schwieriger wird, an Rohbernstein heranzukommen und einen Einfluss auf Polen haben, das einen großen Teil des Rohstoffs aus den benachbarten baltischen Ländern einführt, um seine Bernsteinwerkstätten und Schmuck produzierenden Fabriken zu versorgen. Trotzdem ist es immer noch möglich, Bernsteinschmuck im Internet relativ preisgünstig zu erstehen. Es gibt Hunderte von Bernsteinhändlern, die ausschließlich über das Internet verkaufen, beziehungsweise Bernsteinhändler, die ihre Waren auch online vertreiben. Der Käufer muss sich aber stets bewusst sein, dass im Internet viele Fälschungen angeboten werden.

• 68 • Moderner Schmuckanhänger aus Silber und Baltischem Bernstein mit Inkluse einer Schwebefliege.

Der Einsatz von Bernstein in der Heilkunde

• 70 • Meerschaumpfeife mit Mundstück aus Bernstein (19. Jh.).

Seitdem der Mensch in vorgeschichtlichen Zeiten Bernstein entdeckt hat, hat er ihn mit ziemlicher Sicherheit auch auf irgendeine Weise als Heilmittel eingesetzt. Der griechische Arzt Hippokrates war einer der Ersten, bei dem sich Aufzeichnungen über den Einsatz von Bernstein in der Medizin finden, jedoch ist es sehr wahrscheinlich, dass Bernstein bereits eine beträchtliche Zeit davor zu diesem Zweck benutzt wurde. Der Philosoph und Autor Aristoteles hielt 350 v. Chr. ebenfalls einige der gesundheitsfördernden Eigenschaften von Bernstein fest. Auch von anderen fossilen Materialien weiß man, dass sie als medizinische Heilmittel eingesetzt wurden. Im frühen 18. Jh. notierte der Autor Martin Martin, dass man auf der Isle of Skye in Schottland Ammoniten und Belemniten aus dem Jura mit heißem Wasser aufgoss, um Ruhr, Durchfall, Tuberkulose, Wurmbefall und Krämpfe zu behandeln. Tatsächlich wurde ebenfalls auf der Isle of Skye ein Bernsteinstück, heute im Nationalmuseum von Schottland, bis mindestens ins 18. Jh. hinein auch dazu benutzt, Sehschwäche zu heilen, indem man es an den Augenlidern rieb. Es gibt etliche Perlen und Amulette aus Bernstein (in Schottland heißt er *lammar*), die dazu benutzt wurden, die verschiedensten Krankheiten zu heilen. Von einem Amulett aus Argyllshire ist überliefert, dass es genutzt wurde, um schlechtes Sehvermögen wieder zu verbessern, und von einem anderen, dass es in den Highlands als magischer Talisman benutzt wurde, um Rinder von einer ganzen Reihe Krankheiten zu heilen. In anderen Ländern, nicht nur in Europa, gibt es ebenfalls eine lange Tradition, bei der Bernstein dazu benutzt wurde, um Krankheiten auf ähnliche Art zu heilen.

Bernstein wurde auch gerne für die Mundstücke von Pfeifen und andere Rauchutensilien benutzt. In Fernost glaubte man, dass sich mit Bernstein die Übertragung von Infektionen verhindern ließ. Er wurde auch hier in Mundstücken von Pfeifen eingesetzt, da er bei Zimmertemperatur keinen Geruch oder Geschmack entwickelt und einen angenehmen Duft verströmt, wenn er angebrannt wird. Der Bernstein, der in Minen gefördert wurde, stand bei Rauchern besonders hoch im Kurs, da er härter und klarer als Bernstein war, der aus dem Meer gewonnen wurde. Billigere Imitationen, bei denen anstatt Bernstein ein anderes Material, wie etwa Bakelit, Plexiglas, Vulcanit, Knochen oder Horn genommen wurde, benutzte man gewöhnlich für den Pfeifenstiel, doch hatten diese nicht dieselbe Qualität und waren nicht so teuer wie Pfeifen mit Stiel und Mundstück aus reinem Bernstein. Das einzige Problem war, dass Bernstein leicht zerbrach, da er spröde ist, und so haben bis heute nicht viele dieser Stücken überdauert, und gut erhaltene Exemplare findet man deswegen eher selten.

• 69 • Bernsteinperle, die auf der Isle of Skye benutzt wurde, um Sehschwäche zu heilen.

Heilverfahren in der Antike

Bereits im 4. Jh. v. Chr. wurde Bernstein gegen eine Vielzahl von Krankheiten, wie Bauchschmerzen, Asthma, *Delirium tremens*, Keuchhusten und Schilddrüsenerkrankungen eingesetzt. Einem gewissen Kallistratos aus Athen (6. Jh. v. Chr.) zu Folge, konnte Bernstein, wenn er von einem Kind als Amulett getragen oder als Trank eingenommen wurde, Delirien vorbeugen oder Nierensteine und Blaseninfektionen heilen. Er empfahl auch, ihn an einer Kette um den Hals zu tragen, um so Fieber zu senken und andere Leiden zu beheben und wenn man ihn zu Pulver verarbeite und mit Honig und Rosenöl mische, sei er gut gegen Ohreninfektionen. Attischer Honig (Honig der heiligen Biene aus Attika in Griechenland) wurde häufig gebraucht, um das Sehvermögen zu steigern, oft vermischt mit Bernsteinpulver, um die Wirkung zu verstärken. Als Pulver, manchmal mit Mastix in Wasser gemischt, wurde Bernsein auch zur Linderung bei Magenerkrankungen eingenommen.

Mittelalter und später

Im Mittelalter wurde Bernstein, der in Form von Perlen getragen wurde, benutzt, um Gelbsucht zu behandeln. Man nahm an, dass Bernstein die gelbliche Färbung der Haut absorbiert und den Körper stärkt. Im 13. Jh. setzte der Dominikaner-Bischof Albertus Magnus Bernstein auf der Liste der sechs effektivsten Heilmittel seiner Zeit an erste Stelle. Er wurde mit Alkohol gemischt und als ein Mittel gegen Magen- und rheumatische Beschwerden benutzt.

Von litauischen Stämmen ist bekannt, dass sie Bernstein als Weihrauch benutzten, um böse Geister auszutreiben. Neugeborene wurden aus ähnlichen Gründen und damit sie schneller wuchsen, gezielt Bernsteinrauch ausgesetzt. Die frühe christliche Kirche übernahm den Einsatz von Bernstein als Weihrauch, vermutlich ebenfalls um böse Geister zu vertreiben und den Gläubigen während der Messe ein Gefühl des Wohlbefindens zu vermitteln. Christentum, Islam und andere Religionen nutzten Bernstein auch in Form von Rosenkränzen oder Gebetsperlen.

1502 empfahl der italienische Astronom, Mineraloge und Arzt Camillus Leonardus, Bernstein auf die schlafende Ehefrau zu legen, denn dann würden „all ihre bösen Taten enthüllt werden". Aus seinen Schriften geht nicht hervor, wie genau dies vonstatten gehen sollte, jedoch kann man sich nur schwer vorstellen, dass sich allzu viele Ehefrauen deswegen Gedanken gemacht haben werden!

Zur selben Zeit, als das Bernsteingeschäft im 16. Jh. in Preußen abebbte, kam es bei Frauen in den Fischerdörfern an der Ostküste Schottlands in Mode, Halsketten aus Bernsteinperlen zu tragen. Sie behingen auch ihre Kinder mit Bernsteinperlen, um sie vor dem Bösen zu schützen. Die MacDonalds von Glencoe hatten einen Satz Bernsteinperlen, die sie dafür benutzten, Blindheit zu heilen. Anderswo wurden ebenfalls Bernsteinperlen als Heilmittel gegen entzündete Augen und verstauchte Gliedmaßen eingesetzt. Es heißt, dass etwa um 1575 ein gewaltiger Bernsteinbrocken an die Küste von Buchan gespült wurde: *„... arrivit ane gret lomp of this goum in Buchquhane, als mekle as ane horse"* („... kam ein großer Klumpen Bernstein nach Buchan, so groß wie ein Pferd"). Zwar wurde der Text im Original von Bischof John Leslie von Ross für sein Buch über die Geschichte Schottlands aus dem Jahr 1578 auf Latein verfasst, jedoch übersetzte ihn Pater James Dalrymple 1596 in die schottische Landessprache. Es kann sein, dass der lateini-

• 71 • Zauberperlen aus Bernstein, die den MacDonalds von Glencoe gehörten.

sche Text falsch übersetzt und in ihm lediglich gesagt wurde, dass ein wirklich großes Stück Bernstein an die Küste von Buchan gespült wurde und nicht eines von der Größe eines Pferdes!

Für diejenigen, die des Lateinischen mächtig sind, lautet das Original von Leslie wie folgt: *Inges quædam succini massa, equi magnitudinem superans in littore Boquhanico nostro seculo fuit reperta.*

In der Mitte des 16. Jh. war Bernstein immer weniger begehrt, je mehr die Protestantische Reformation an Einfluss gewann. Die mangelnde Nachfrage nach Rosenkränzen zwang einen verzweifelten Herzog Albrecht von Preußen dazu, sich nach neuen Mitteln umzusehen, um den Bernsteinhandel anzukurbeln. Er wies Hofärzte an, die medizinischen Eigenschaften von weißem Bernstein zu untersuchen. Die daraus entstandene, 1551 erschienene Monografie mit dem Titel *Succini historia* war die erste wissenschaftliche Publikation über Bernstein. In ihr finden sich die verschiedensten medizinischen Anwendungsgebiete, bei denen Bernstein zur Behandlung eingesetzt wird, etwa bei Krankheiten wie Zahnschmerzen, Bauchschmerzen, Rheumatismus und Herzrhythmusstörungen. Die Ärzte schienen weißen Bernstein für den wirksamsten gehalten zu haben. Durch diese Publikation erhielten auch die Anwendungspraktiken von Bernstein in vorangegangenen Jahrhunderten ein hohes Maß an Legitimität.

• 72 • Gebetsperlen aus der Türkei.

In den polnischen Regionen Kurpie und Kaschubien schmückten die Menschen ihre Häuser mit Bernstein, um das Böse fernzuhalten. Offenbar verhinderte das Ausräuchern mit dem Rauch angebrannten Bernsteins im Mittelalter die Verbreitung der Pest. Den Aussagen des Pfarrers Matthäus Prätorius zu Folge war es so, dass 1680 „kein einziger Bernsteinarbeiter aus Danzig, Memel, Königsberg oder Libau, an der Pest gestorben ist." Wenn selbst Pfarrer daran glaubten, dass Bernstein solche Kräfte besaß, ist es nicht schwer nachzuvollziehen, warum so viele normale Menschen ihrem Beispiel gefolgt waren.

Man nahm an, dass sich mit Bernstein auch Nierensteine behandeln ließen und im 16. Jh. wurde diese Ansicht von niemand Geringerem als dem Theologen Martin Luther geteilt. Ein Rezept für diese Mixtur veröffentlichte der irische Wissenschaftler und Philosoph Robert Boyle (der durch seine Arbeiten über Gase berühmt wurde) im 17. Jh. in seinem Buch *A Collection of Choice and Safe Remedies.*
Boyle schrieb:

> **„Das Rezept eines Berühmten Hausmittels gegen den Nierenstein**
> Man nehme Bernstein (klar und gelb), den Schwanz von Seepferdchen und Salpeter, alle in gleicher Menge (*man beachte*: Bei Nierengeschwüren nehme man die Hälfte der Menge an Bernstein und ein Achtel Salpeter (des Natürlichen Balsams)). Man zermahle einen jeden Teil zu einem Pulver und verarbeite es mit Mastix (oder zumindest gereinigtem *Straßburger* Terpentin). Man nehme morgens und abends fünf, sechs oder sieben Pillen (von mehr als zehn zu einer Unze)."

Zur selben Zeit schrieb der Verfasser medizinischer Schriften und selbst ernannte *Professor der Medizin* William Salmon in seinem *Family Dictionary*, dass man von der „Fallsucht" geheilt würde, wenn man 3 ml Bernsteinpulver in 140 ml Rotwein bis zu acht Jahre lang einmal am Tag zu sich nehmen würde. Alternativ sollte sich der Patient den Dämpfen von Bernstein aussetzen, der auf heißen Holzkohlen erhitzt wird, während er auf einem unbequemen Nachtstuhl darüber sitzt. Es ist heute recht leicht nachzuvollziehen, warum diese Behandlung nicht mehr angewandt wird.

18. und 19. Jahrhundert

Im späten 18. Jh. besaß ein Schmuggler namens Carnochan aus Galloway eine ovale Bernsteinperle, die er um den Hals trug. Sie hatte einen Durchmesser von mehr als 2 cm und war 1,3 cm dick mit einem Silberring durch die Lochung. Es heißt, er nahm sie sich aus einem *bing o'eththers* (Natternnest), als die Schlangen gerade damit beschäftigt waren, die Bernsteinperle herzustellen. In Schottland nahm man an, dass Bernstein von Nattern gemacht wurde, auf ähnliche Weise wie die sogenannten Schlangensteine, die Plinius im 1. Jh. n. Chr. beschrieb. Danach verknäulen sich die Schlangen im Hochsommer und erzeugen eine ringförmige „Blase". Dann würden sie zischen und blasen, und dabei den Ring mit ihren Schwänzen in die Luft schleudern, woraufhin dieser wie Glas härtete. Man dachte, dass wer solch einen Stein besaß, im Leben erfolgreich und in der Lage sei, Krankheiten zu heilen. Dies ist den Geschichten von „mächtigen" Schlangensteinen verblüffend ähnlich, die in vielen Kulturen erzählt werden, so auch jener der Samen.

Carnochan trug die Bernsteinperle an einem Band um den Hals und benutzte sie, um *backgaun weans* (kranke Kinder), *elfshot kye* (erkrankte Rinder) und *sick beass* (kranke Tiere) zu heilen sowie als Talisman, um den „Bösen Blick" abzuwehren. Die Perle wurde drei Mal in Wasser getaucht, das dann dem kranken Kind oder Tier zu trinken gegeben wurde. Carnochan verlor sie, als er an einem verhängnisvollen Tag in seinem Garten nach Würmern grub, worauf sein Glück ihn verließ. Seine Schmuggelware und sein Versteck wurden gefunden und er starb in Armut. Viele Jahre später fand eines seiner Enkelkinder die Perle im Garten. Um zu sehen, ob sie immer noch ihre heilenden Kräfte besaß, wurde sie bei dem Versuch eingesetzt, „Jean Craigs Katze" zu heilen. Tragischerweise starb die Katze und so dachte man, dass die Perle wertlos geworden sei und gab sie schließlich Dr. Robert de Brus Trotter aus Perth. Was später mit ihr geschah, ist nicht bekannt, aber es gibt etliche solcher Perlen in den Sammlungen der Museen in Schottland.

1832 beschrieb Anthony Todd Thomson die Anwendungsgebiete von Bernsteinöl, das durch pyrolytische Zersetzung aus Bernstein gewonnen wird (Bernsteinpulver wird erhitzt, um die Rückstände freizusetzen und aufzufangen). Das Öl, so behauptete er, habe eine krampflösende Wirkung und soll in Phasen der Hysterie und bei Krankheiten, die mit Krämpfen einhergehen, oral eingenommen werden. Zu der Zeit, als er dies schrieb, war die Praxis, Bernsteinöl oral einzunehmen, jedoch nicht mehr üblich. Allerdings notierte er, dass es aufgrund seiner krampflösenden Wirkung „äußerlich jedoch immer noch angewendet wird". Bernsteinöl war auch ein wesentlicher Bestandteil einer Mixtur, die Keuchhusten heilen sollte, aber Thompson bemerkte, dass dies, verglichen mit der Behandlung mit Belladonna und Schierling, nicht effizient sei.

Bernstein im 20. Jahrhundert

Im frühen 20. Jh. war es üblich, Bernstein als Allheilmittel gegen Asthma, Ödeme, Zahnschmerzen und viele andere Leiden anzusehen. Das Öl des Bernsteins (*oleum succini*) wurde immer noch in geringer Dosierung bei „hysterischen Anwandlungen" (wie nervlicher Überspanntheit, Epilepsie und Krämpfen) angewandt. Es wurde auch benutzt, um die Haut zu wärmen und Probleme mit den Bronchien und Rheumatismus zu lindern. Bernsteinöl war vom frühen 19. bis weit hinein ins 20. Jh. lange Bestandteil in Heilmitteln gegen Keuchhusten, wie zum Beispiel in „Roche's Embrocation" (Einreibmittel), wobei es auf die Brust gerieben wurde, um Hustenanfälle zu unterdrücken. Mit der Entwicklung eines Impfstoffs gegen Keuchhusten in den 1920er Jahren und dessen flächendeckender Anwendung in den 1950ern wurde die Salbe überflüssig.

Bernstein in medizinischen Präparaten des 21. Jahrhunderts

Anders als chemisch hergestellte Arzneimittel nehmen alternative Heilmittel für sich in Anspruch, auf natürlichen Pflanzenextrakten, Mineralien und tierischen Stoffen zu basieren. Obwohl ihre Wirksamkeit von einem Großteil der Schulmedizin infrage gestellt wird, werden alternative Heilmittel immer beliebter.

Heute verkaufen auf homöopathische Präparate spezialisierte Apotheken in Polen Salben und Einreibemittel, die Bernstein als Wirkstoff enthalten, gegen rheumatisch und nervlich bedingte Beschwerden sowie Arthritis. Ein weiteres auf Bernstein basierendes Produkt wird für die kurzzeitige Linderung von Heuschnupfen und von durch Pollen ausgelöste allergische Symptome wie Niesen, eine laufende Nase, ju-

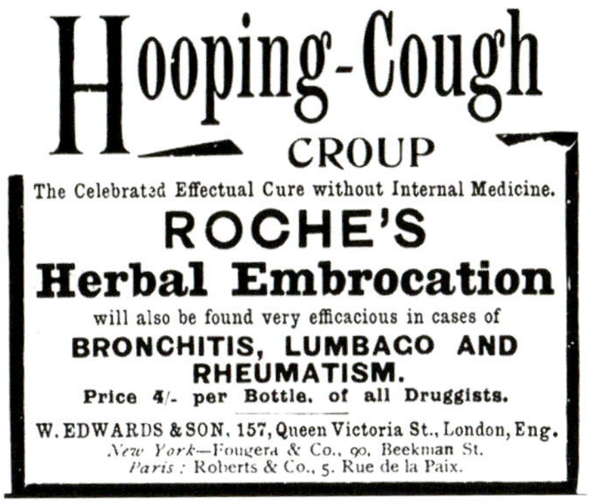

• 73 • Anzeige für ein Einreibemittel gegen Keuchhusten, das Bernsteinöl enthält.

ckende und tränende Augen, Verstopfung der Nasennebenhöhlen und Kopfschmerzen angeboten. Von Erzeugnissen wie Bernsteinsäure gemischt mit Chitosan (hydrolisierte Garnelenschalen) wird auch behauptet, dass sie beim Abnehmen helfen. Extrakte aus Bernstein wurden darüber hinaus benutzt, um bestimmte Phobien zu behandeln, etwa die Siderodromophobie (die Angst vor Zügen oder Zugreisen) und die Klaustrophobie (die Angst vor geschlossenen Räumen).

Tatsächlich ist Bernsteinsäure eine im menschlichen Körper natürlich vorkommende Substanz. 1865 zeigte der deutsche Physiker und Nobelpreisträger Robert Koch, dass bei einer bestimmten Ernährung der Körper große Mengen Bernsteinsäure produziert. Bei einem dieser Versuche aß er ein halbes Pfund Butter am Tag, um zu zeigen, wie Fett die Produktion von Bernsteinsäure in seinem Urin beeinflusste. Nach fünf Tagen wurde er so krank, dass er sich von da an entschied, seine Versuche auf Tiere zu beschränken!

Jüngste Forschungsergebnisse haben gezeigt, dass Bernsteinsäure dabei hilft, das Immunsystem zu stärken und eine Vielzahl neuer Medikamente dieser Art wurde hergestellt. Manche erachten sie als Antioxidans, das die Alterung menschlicher Zellen verlangsamen könnte. In Russland wird Bernsteinsäure zur Behandlung von Alkoholismus eingesetzt, wobei angenommen wird, dass sie bei der Wiederherstellung geschädigter Hirnfunktionen helfen könnte. Dort wurde dieses Bernsteinderivat auch in der Landwirtschaft übernommen, wo man behauptet, dass es die Ernteerträge steigere und die Pflanzen widerstandsfähiger gegen Krankheiten mache, die von Pilzen oder Bakterien ausgelöst werden.

Bernstein wird auf viele Arten eingenommen: Man kann ihn als Pulver oder Tinktur oral zu sich nehmen, in Verbindung mit Honig lässt er sich als Zäpfchen verabreichen, den Rauch von angebranntem Bernstein kann man inhalieren, als Salbe, Öl, Puder und in Form von Umschlägen kann er auf die Haut aufgetragen und als Perle, etwa in Form von Schmuck, auf der Haut getragen werden.

Interessanterweise wird er in China für Zwecke benutzt, die der historischen und homöopathischen Verwendungsweise in Europa sehr ähnlich sind. Er wird wegen seiner beruhigenden Wirkung unter anderem bei Herzrasen, Gedächtnisschwund, Schlaflosigkeit und Epilepsie angewandt. Bernstein, die Seele des Tigers (*Hupo*), wird für gewöhnlich als Pulver verabreicht, je nach Art der Krankheit gemischt mit unterschiedlichen Zutaten. Man nimmt an, dass er für geistige Entspannung sorgt und Krämpfe löst. Bernstein wird auch genutzt, um Beschwerden beim Harnlassen zu lindern, wie bei Dysurie, Nieren- und Blasensteinen sowie bei Unterleibsschmerzen und schlechter Blutzirkulation, Herzerkrankungen mit eingeschlossen. Gemischt mit Perlenpulver wird er als Tonikum verabreicht und soll bei Magenschmerzen helfen, außerdem die Genesung von Krebspatienten unterstützend fördern. In der chinesischen Medizin wird Bernstein auch eingesetzt, um die Regeneration von Zellgewebe zu beschleunigen sowie bei der Behandlung von Geschwüren, Furunkeln und anderen Hautbeschwerden.

Bernstein findet sich als Beigabe in Medikamenten für fast alle Arten von Wehwehchen, für Wundheilung, Hautbeschwerden, Allergien und vielem mehr und scheint damit fast zu einem Allheilmittel in der Medizin geworden zu sein. Wie wirkungsvoll er tatsächlich ist, wurde noch nicht vollständig erforscht. Vielleicht geben ja bald die heutigen Bernsteingilden Studien über die gesundheitsfördernden Eigenschaften von Bernstein in Auftrag, so wie es Herzog Albrecht von Preußen im 16. Jh. getan hatte.

Bernstein in der Wissenschaft

Seit der Zeit von Thales im antiken Griechenland (6. Jh. v. Chr.) war Bernstein für die Wissenschaftler ein beliebtes und spannendes Forschungsobjekt. Was ist Bernstein? Wie kamen einstmals lebendige Organismen in den Bernstein? Was können uns diese Einschlüsse im Bernstein über das Leben vor Millionen Jahren verraten und was sagt uns das über ihre Entwicklung im Laufe der Zeit? Das sind nur einige der Fragen, die im Lauf der Jahrhunderte immer wieder gestellt wurden.

Bernsteinforschung

Wenn man annimmt, dass sich in ungefähr einem von 100 Stückchen Baltischen Bernsteins eine Inkluse findet, betrüge die Zahl an Einschlüssen, die für die Forschung jedes Jahr insgesamt zur Verfügung stünde, etwa zwei Millionen! Dadurch werden die Wissenschaftler mit einer gewaltigen Menge an Material versorgt, auf dem sie ihre Forschung aufbauen können, was dazu führte, dass weit über 500 neue Spezies fossiler Insekten entdeckt wurden.

Die ersten umfassenden wissenschaftlichen Publikationen über die fossilen Pflanzen- und Tierfunde im Baltischen Bernstein wurden in den 1840er und 1850er Jahren veröffentlicht. Seitdem wurden Tausende von Artikel über Baltischen Bernstein und seit 1960 mehr als tausend über Dominikanischen Bernstein publiziert. Eine der ersten Darstellungen des Bernsteinbaums findet sich bei Jakob Meydenbach in seinem *Hortus sanitatis* (1491) und sogar Bernstein-Fälschungen wurden 1583 von Daniel Hermann dargestellt. 1742 beschrieb Nathanael Sendel in der *Historia succinorum* über 250 Bernsteinstücke mit Tier- und Pflanzeninklusen. Selbst Robert Hooke, der „Vater der Mikroskopie", interessierte sich für den Bernstein und dessen Herkunft. Er berichtete von einem Stück, das er in einer privaten Bernsteinsammlung gesehen hatte, in dem sich eine fossile Stechmücke und das Moos eines Baumes befanden. Er erwähnte auch, dass Wigand von Marburg über einen grünen Laubfrosch berichtete, der in Baltischem Bernstein eingeschlossen war. Von keiner gegenwärtigen Sammlung mit Baltischem Bernstein ist bekannt, dass sie Froschinklusen besitzt und deswegen konnte diese Behauptung niemals belegt werden.

Ein interessanter Aspekt bei der Untersuchung von Inklusen im Bernstein ist, dass sie einen Hinweis auf die Vielfalt des Lebens zu jener Zeit geben, als Bernstein entstand. Jedoch werden nicht alle Tiere der Fauna in Bernstein konserviert. Eine 2005 erschienene Studie von David Penney, in der die Fauna der Insel Hispaniola mit den in Dominikanischem Bernstein konservierten Tieren verglichen wird, weist darauf hin, dass Bernstein nur einen kleinen Teil der gesamten Artenvielfalt des Bernsteinwaldes enthält. Nicht für alle Insekten, die es im vorzeitlichen Bernsteinwald gab, war die Wahrscheinlichkeit gleich hoch, im Baumharz gefangen zu werden, da einige mit den harzproduzierenden Bäumen en-

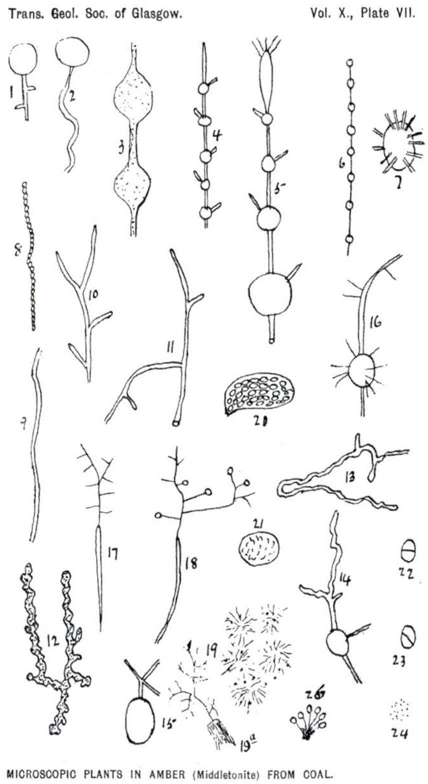

• 74 • Inklusen in Karbon-„Bernstein" aus Schottland (Smith, 1894).

ger in Beziehung standen als andere. Auch größere Insekten und Tiere wurden seltener im Bernstein gefangen, da es ihnen leichter fiel, dem klebrigen Harz zu entkommen. Indem sie die heutigen Wälder von Hispaniola mit den alten Lebensformen aus dem Dominikanischen Bernstein vergleichen, können Wissenschaftler stichhaltige Vermutungen darüber anstellen, welche Tiere bei den Fossilien fehlen könnten, um so ein vollständigeres Bild vom Leben in den Bernsteinwäldern zu erhalten.

In Bernstein eingeschlossene Luft wurde häufig analysiert, um eine ungefähre Vorstellung davon zu erhalten, wie hoch der Sauerstoffgehalt in der Atmosphäre zu der Zeit war, als Bernstein entstand. In einigen Studien wird vermutet, dass damals ein höherer Sauerstoffgehalt in der Atmosphäre herrschte als heute, in anderen, dass er gleich war. Die chemische Zusammensetzung von Bernstein ist ein komplexes System, in dem es zu Diffusion kommt, sich Stoffe lösen und chemische Reaktionen stattfinden. Wenn Bernstein oxidiert, ist eine deutlich sichtbare Reaktion erkennbar, weil dadurch die goldgelbe Färbung des Bernsteins zu einem dunkleren Rot wird. Eine Studie von Thure Cerling im Jahr 1989 kam zu dem Ergebnis, dass sich aus dem Sauerstoffgehalt von Bernstein nicht die Zusammensetzung der Atmosphäre bei der Entstehung ablesen lässt, sondern dass er eher die fortlaufende Interaktion mit der umgebenden Atmosphäre im Laufe der Zeit widerspiegelt.

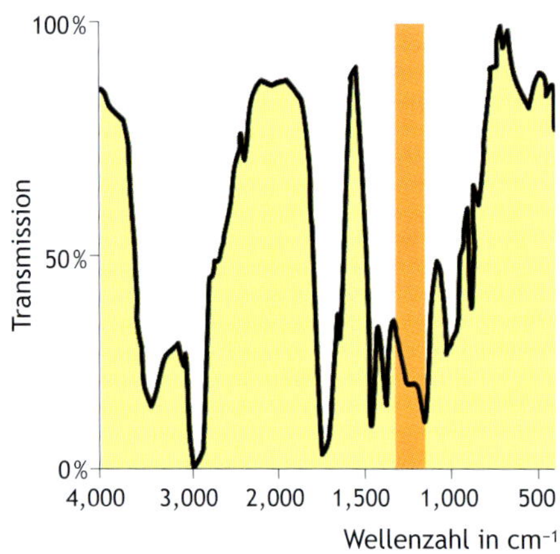

• 75 • Diagramm einer Infrarotspektroskopie, in dem die „Baltische Schulter" Orange dargestellt ist.

Der älteste „Bernstein“ (auch bekannt als „Middletonit“), der gefunden wurde und Inklusen enthielt, wurde in den Kohlerevieren von Ayrshire in Schottland entdeckt. John Smith publizierte diese Entdeckung 1894, wobei er die Inklusen als Teile von Zapfen tragenden Pflanzen und Pilzen identifizierte. Obwohl die Exemplare, die John Smith untersuchte, heute für die Wissenschaft verloren sind, könnten neue Untersuchungen, bei denen einige der moderneren Verfahren zum Einsatz kommen, wie etwa die röntgenbasierte 3D-Computerbildgebung, mit deren Hilfe man sich opaken Bernstein genauer anschaut, einen Beweis für solche Inklusen in diesem Harztyp liefern.

Der Chemismus von Bernstein

Es wurden viele Versuche unternommen, Bernsteinarten aus verschiedenen Regionen durch eine chemische Analyse voneinander abzugrenzen, um die antiken Handelsrouten für Bernstein besser bestimmen zu können. Zahlreiche Faktoren können die chemische Zusammensetzung von Bernstein beeinflussen, einer davon ist die Baumart, die das Harz ursprünglich produzierte. Temperatur, Druck, wie stark der Bernstein Sauerstoff ausgesetzt war, Wasserspiegel, Art des Sediments und das Alter des Harzes können allesamt Faktoren sein, die einen Einfluss auf seine chemischen Merkmale haben. Bernsteine aus derselben Zeit und von demselben Ort, aber aus verschiedenen Sedimenten, können aufgrund der Auswirkungen, die eine jeweils andere Umgebung auf den Bernstein gehabt hat, als unterschiedliche Varianten klassifiziert werden. Harz enthält Alkohole, Öle und Säuren, bei denen eine Polymerisation stattfindet, während der sie zu Kopal werden und möglicherweise schließlich zu Bernstein. Polymerisation ist der Prozess, bei dem es zu Verbindungen zwischen organischen Molekülen im Baumharz kommt, wodurch eine stabilere und dauerhaftere Verbindung wie Bernstein entsteht. Der Prozess kann etliche Millionen Jahre andauern, bevor das Harz stabil genug ist, damit es Bernstein genannt werden kann.

Bernstein hat einen ziemlich komplexen Chemismus, der oft sehr variabel ist, weil es sich bei Bernstein nicht um ein Mineral handelt, sondern um eine Kombination chemischer Verbindungen von organischen Stoffen. Selbst Bernsteinproben vom selben Fundort können eine geringfügig andere Zusammensetzung aufweisen. Eigentlich handelt es sich bei Bernstein um einen „natürlichen“ Kunststoff und er besitzt aufgrund seiner Veränderlichkeit keine einheitliche chemische Formel. Kohlenstoff, Sauerstoff und Wasserstoff sind die Hauptelemente, aus denen sich Bernstein zusammensetzt, aber auch Schwefel findet sich gemeinsam mit anderen Nebenelementen in geringen Mengen.

Baltischer Bernstein ist deswegen ungewöhnlich, da viele Proben bis zu 8% Bernsteinsäure, auch Succinylsäure genannt, enthalten. Die Bernsteinsäure entstand möglicherweise als Nebenprodukt beim Gärungsprozess des Harzes der Bäume im Ostseeraum während des Eozäns. Es ist auch denkbar, dass sie auf natürliche Weise vom Baum selbst produziert wurde, da sie in vielen rezenten Pflanzen und Tieren vorkommt (obwohl in weitaus geringeren Mengen als im Baltischen Bernstein). Baltischer Bernstein ist nicht die einzige Art von Bernstein, die Bernsteinsäure enthält. Sie kommt in geringerem Ausmaß auch in Bernstein aus Myanmar und Sizilien vor. Retinit lautet der Name, den man fossilen Harzen gab, die keine Bernsteinsäure, also Succinylsäure aufweisen, wohingegen Baltischer Bernstein, auch unter dem Namen Succinit bekannt ist.

Analytische Verfahren wie Pyrolyse, Infrarotspektroskopie und Thermische Ana-

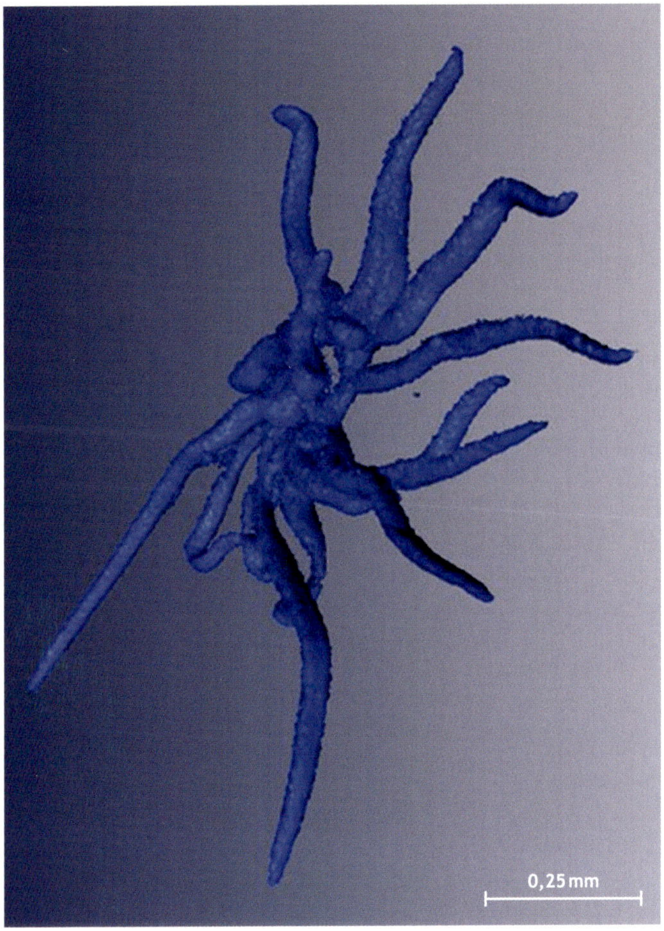

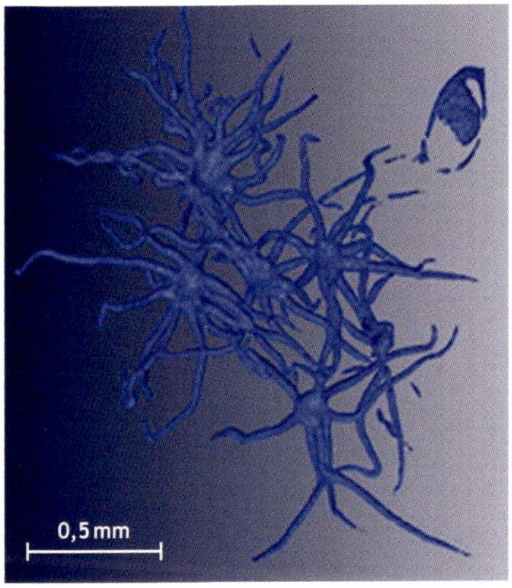

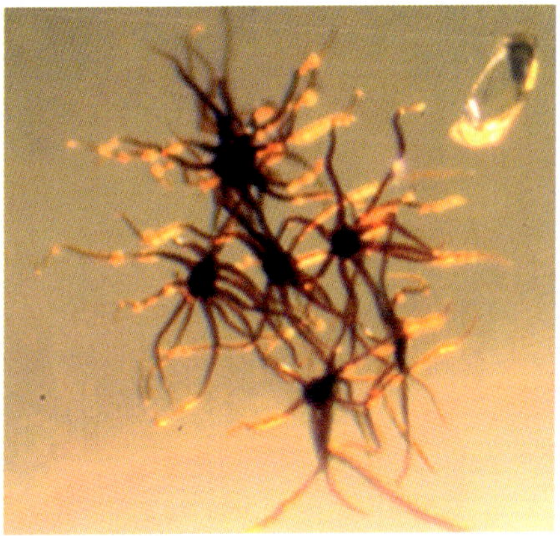

•76• Mithilfe der konfokalen Laser-Scanning-Mikroskopie erstellte Bilder eines Sternhaares ...

•77• ... und einer Gruppe mexikanischer Sternhaare (oben rechts) ...

•78• ... sowie transmittiertes Licht (unten rechts) – man beachte die Luftblase in der rechten oberen Ecke.

lyse sind nützliche Hilfsmittel bei der Bestimmung des Herkunftsorts von Bernsteinstücken, allerdings sind sie nicht immer eindeutig. Bei der Pyrolyse wird ein Stück Bernstein erhitzt und die dabei entstehenden Dämpfe mithilfe eines Massenspektrometers analysiert. Verschiedene Bernsteine produzieren unterschiedliche Mengen an organischen Verbindungen, die durch Erhitzen freigesetzt werden, wodurch es oft möglich ist, ihre Herkunft zu bestimmen.

Die Infrarotspektroskopie wird auf zerriebene Proben in einer Kaliumbromid-Lösung (oder die eines anderen Salzes) angewandt. Bei der Spektroskopie wird die Absorption unterschiedlicher Wellenlängen von Licht im infraroten Teil des Spektrums gemessen. Ein Großteil des Baltischen Bernsteins hat ein ganz bestimmtes infrarotes spektroskopisches Kurvenprofil, das durch die „Baltische Schulter“ gekennzeichnet ist (orangefarbener Streifen im Diagramm, Abb. 75).

Eine andere Art, die verschiedenen Bernsteine zu bestimmen, ist die Thermische Analyse. Die Gewichtsveränderungen von Bernstein bei der Verbrennung werden in Bezug auf die Temperaturveränderungen ab 200 °C exakt gemessen, bis die Verbrennung abgeschlossen ist, (bei ungefähr 600 °C). Die sich daraus ergebende Kurve der Gewichtsreduktion kann benutzt werden, um Bernsteinarten zu unterscheiden. Untersuchungen an Bernstein des Obertrias (ca. 225 Millionen Jahre) bis ins Eozän (ca. 40 Millionen Jahre) zeigten, dass es möglich ist, Bernstein aufgrund seines Alters und seines geografischen Ursprungs zu klassifizieren. Es scheint, dass Bernsteine aus verschiedenen erdgeschichtlichen Perioden, die im Lauf der Zeit unterschiedliche physikalische und chemische Prozesse durchlaufen haben (Diagenese) und möglicherweise von unterschiedlicher paläobotanischer Herkunft sind, auch unterschiedliche Gewichtsverlustkurven aufweisen.

Neue Techniken

Bedauerlicherweise wird bei allen oben genannten Analyseverfahren der Bernstein zerstört. Die einzige Methode, die geografische Herkunft von Bernstein festzustellen, bei der er erhalten bleibt, ist die Bestimmung ausgestorbener Tiere und Pflanzen in den Inklusen in seinem Inneren. Beobachtungen über die chemische Zusammensetzung, Diagenese und den Erhaltungszustand der Einschlüsse sind ebenfalls sehr hilfreich, um die verschiedenen Bernsteine voneinander zu unterscheiden. Einzelne Mexikanische Bernsteine beispielsweise scheinen sich leicht erwärmt zu haben, wodurch die Inklusen getrübt wurden. Baltischer Bernstein wurde zwar offenbar nicht auf diese Weise beeinträchtigt, jedoch weist er häufig einen weißen Pilzbewuchs an den Insekteninklusen auf. Beide Bernsteine enthalten mikroskopisch kleine Pflanzenhaare, Trichome oder Sternhaare genannt, die jeweils geringfügig anders aussehen. Die mexikanischen Trichome haben oft eine abgeflachtere Sternform, während sich im Baltischen Bernstein „haarigere" Trichome finden. Darin spiegelt sich jeweils die Art der Vegetation wider, aus der die Pflanzenhaare stammen. Im Fall des Mexikanischen Bernsteins sehen die Trichome aus wie die einiger rezenter Spezies der Gattung *Croton*. Aufgrund des häufigen gemeinsamen Vorkommens mit versteinerten Eichenblüten wurden die Trichome aus dem Baltischen Bernstein traditionell einer Eichenart zugeschrieben.

Zukünftige Studien an in Bernstein eingeschlossenen Sternhaaren sollten dazu beitragen, die Identität der Spezies zu klären, von denen diese stammen. Konfokale Laser-Scanning-Mikroskopie wurde einge-

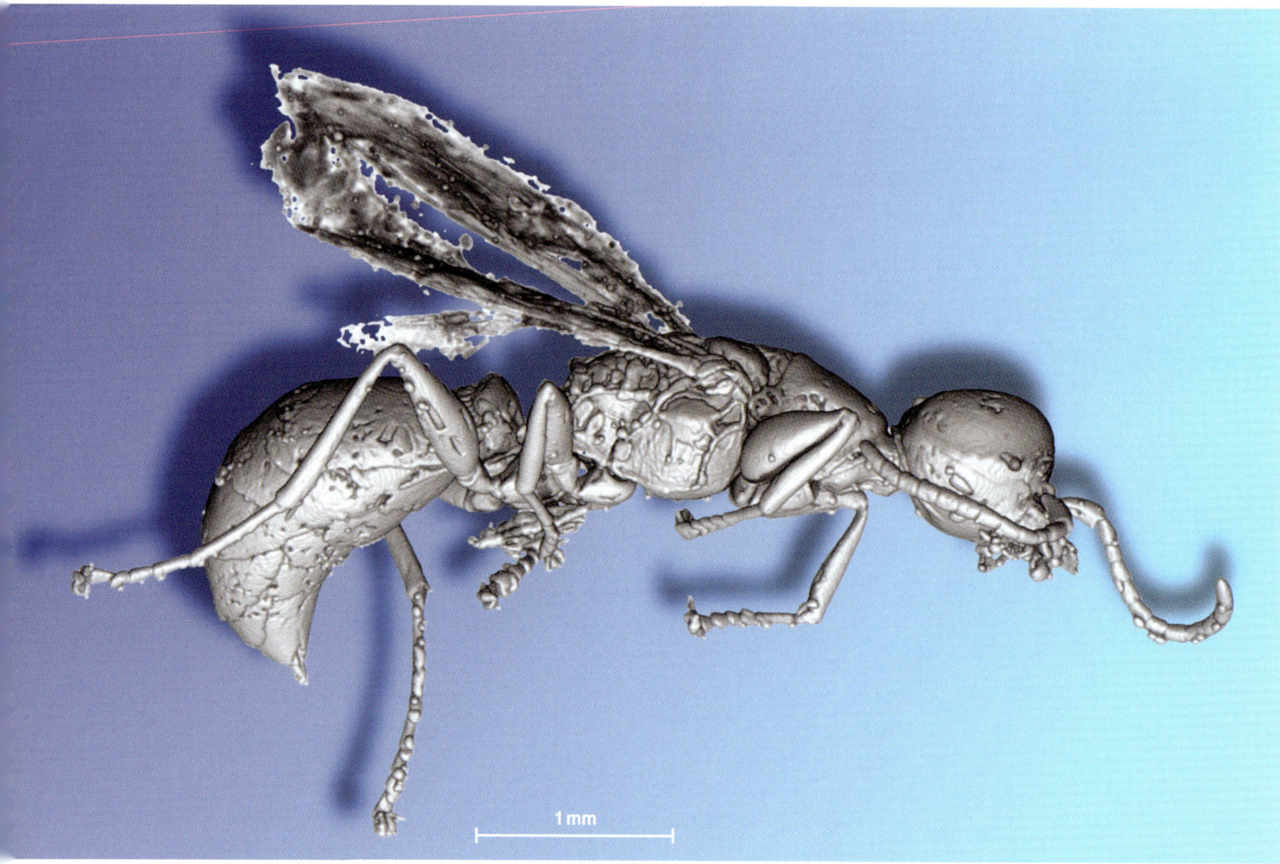

• 79 • 100 Millionen Jahre alte Wespe in Bernstein aus dem Südwesten Frankreichs, die aus Bildern einzelner Schichten opaken Bernsteins mithilfe eines Synchrotrons rekonstruiert wurde.

setzt, um diese winzigen Trichominklusen im kurzwelligen Infrarotspektrum zu untersuchen, wobei hochauflösende dreidimensionale Bilder gemacht wurden. Leider ist es schwieriger Insekten in Baltischem und Mexikanischem Bernstein mit dieser Technik zu untersuchen, da sowohl Insekten als auch Bernstein unter ultraviolettem Licht bei ähnlichen Wellenlängen fluoreszieren.

Um Insekten im Bernstein zu betrachten, ist für gewöhnlich ein Lichtmikroskop ausreichend, jedoch ist es bei opakem Bernstein völlig wertlos. Um dieses Problem zu umgehen, untersuchte eine Gruppe Paläontologen in Frankreich unter der Leitung von Malvina Lak und Paul Tafforeau gemeinsam mit ihren Kollegen Bernsteinproben aus der Kreidezeit mit einem Synchrotron an der European Synchrotron Radiation Facility in Grenoble. Die Ergebnisse dieser Studie von 2008 waren erstaunlich. Nicht nur gelang es ihnen, Hunderte von Insekteninklusen in diesen uralten Proben zu finden, sondern sie waren auch in der Lage, Computeranimationen dieser Einschlüsse zu erstellen, um sie in hochauflösendem Format aus jedem Blickwinkel betrachten zu können. Die Auflösung war besser als alles, was mit einem normalen Lichtmikroskop möglich gewesen wäre. Große, dreidimensionale Kunststoffmodelle wurden mit einem 3D-Drucker erstellt, als greifbares Zeugnis von Spezies, die der Wissenschaft unbekannt waren und die im opaken Bernstein ansonsten niemals hätten gesehen werden können. Die dreidimensionalen Ausdrucke sind ein detailliertes Modell des in Bernstein eingeschlossenen Insekts, bloß über dreihundertfach vergrößert.

Durch die Entwicklung immer neuer Analysetechniken und Forschungsmethoden für Bernstein werden weitere neue Spezies von Pflanzen, Insekten und anderen Tieren entdeckt und immer mehr Details erfasst, die dazu beitragen werden, ein noch vollständigeres Bild davon zu erhalten, wie die Bernsteinwälder einstmals ausgesehen haben könnten, ob im Ostseeraum, der Dominikanischen Republik, Myanmar oder anderswo. Indem auch weiterhin analytische Verfahren eingesetzt werden, könnte es so irgendwann möglich sein, die Ursprünge von Bernstein zu bestimmen, etwa welcher Baum das Harz produzierte, welche Veränderungen der Bernstein im Laufe der Zeit erfahren hat oder es ließe sich auch ein immer genaueres Alter feststellen. Für die Bernsteinforscher ist es eine aufregende Zeit und es lässt sich nicht vorhersagen, welche Entdeckungen das nächste Jahrzehnt bringen wird.

Bernstein und die Dinosaurier

Häufig wird die frage gestellt, ob man Dinosaurier mithilfe des Bernstein wieder zum Leben erwecken kann.

In Michael Crichtons Buch und dem anschließenden, 1993 erschienen Film *Jurassic Park* von Steven Spielberg wurde behauptet, dass Dinosaurier anhand der DNA, die man in Bernstein eingeschlossenen Moskitos entnimmt, wieder zum Leben erweckt werden könnten. Der Grundgedanke war, dass ein Moskito, nachdem es gerade das Blut eines Dinosauriers gesaugt hatte, sich in klebrigem Baumharz verfing, was sowohl das Insekt als auch seine Blutmahlzeit, die die DNA des Dinosauriers enthielt, konservierte.

Bei dieser Hypothese treten zahlreiche Probleme auf. Das erste ist, dass keine Insekten im Bernstein aus dem Jura bekannt sind. Zweitens wurden nur sehr wenige Moskitos jemals im Bernstein gefunden, egal aus welchem Alter, und die Wahrscheinlichkeit, dass sich ein solches Exemplar gerade von Dinosaurierblut ernährt hatte, ist sehr gering. Es gibt jedoch durchaus einige blutsaugende Insekten, die aus der Zeit der Dinosaurier stammen. Kriebelmücken, die sich von Blut ernähren, sind aus Gesteinen aus dem Jura ebenso bekannt wie aus Bernstein aus der Kreidezeit und Bremsen wurden in Bernstein aus der Kreide in Dorset (England) gefunden. Man weiß auch von Gnitzen, von denen manche Beißwerkzeuge besaßen, mit denen sie selbst durch die dicke Haut eines Dinosauriers gedrungen sein könnten. Es gibt also durchaus einige Kandidaten, wenn auch keine Moskitos, die möglicherweise den Wissenschaftlern die DNA von Dinosauriern liefern könnten.

Dann kann man also theoretisch keinen *Jurassic Park* erschaffen, doch aber wohl sicherlich Dinosaurier aus der Kreide, etwa den T-Rex, wieder zum Leben erwecken? Leider ist das nicht so einfach. Selbst wenn man annimmt, dass ein Insekt einen Dinosaurier biss, unmittelbar bevor es im Baumharz eingeschlossen wurde, so würden doch die Darmflora und die Magensäfte des Insekts das Blut noch weiterverdaut haben, auch nachdem das Insekt selbst bereits gestorben war. Das bedeutet, dass die wertvolle DNA des Dinosauriers zumindest teilweise verdaut und abgebaut worden wäre. In Wahrheit sind die meisten Exemplare von Insekten, die in Bernstein gefunden werden, besonders im Baltischen Bernstein, leere Hüllen, da die Weichteile im Inneren verrottet sind, bevor aus dem Harz Bernstein wurde. Es ist schon eine gewaltige Herausforderung, aus im Bernstein ge-

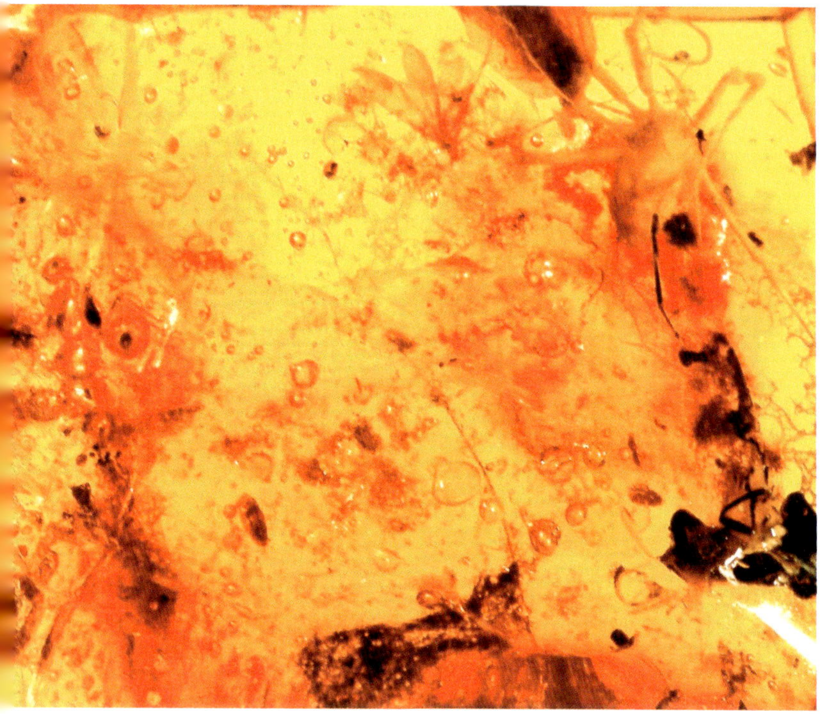

• 80 • Ein Stück Baltischer Bernstein mit einer Reihe von Inklusen.

fangenen Insekten selbst die DNA zu extrahieren; man muss sich also vorstellen, was für eine noch viel größere Herausforderung es wäre, die DNA aus verdautem Mageninhalt zu extrahieren.

Selbst wenn Wissenschaftler ein Insektenexemplar finden würden, das so gut erhalten wäre, dass sein Weichgewebe noch intakt wäre, wie groß sind wohl ihre Chancen, daraus die DNA zu gewinnen? Bei einem Versuch, diese Frage zu beantworten, haben sich mehrere Wissenschaftler des Natural History Museums in London einige Exemplare von Insekten vorgenommen, die in Ostafrika in Kopal genanntem Baumharz eingeschlossen wurden, das vermutlich nicht älter als 50 Jahre war, um zu sehen, wie die DNA diese kürzere Zeitspanne überstanden hat. Sie schauten sich auch einige Insekten in Dominikanischem Bernstein an, die über 40 Millionen Jahre alt waren und von dem es zuvor bereits Meldungen über DNA-Funde gab. Weder die Untersuchung der Insekten im Baltischen Bernstein noch derer aus dem ostafrikanischen Kopal förderte irgendwelche DNA zutage. Die Forscher schlossen daraus, dass es sich nicht lohne, wertvolle fossile Insekten, die für die Evolutionsbiologie von Bedeutung sind, bei dem Versuch zu zerstören, DNA zu extrahieren. Natürlich bedeutet das Nichtvorhandsein von DNA bei diesen Exemplaren nicht, dass es sie nicht doch geben könnte und es ist durchaus wahrscheinlich, dass einige Wissenschaftler auch weiterhin nach DNA in Bernstein suchen werden.

Nehmen wir an, dass es Wissenschaftlern in der Zukunft durch neue Techniken doch irgendwann gelingt, DNA aus den Eingeweiden eines blutsaugenden Insekts aus Bernstein der Kreidezeit zu extrahieren. Wie schwierig wäre es dann, daraus einen Dinosaurier zu erschaffen?

Viele werden von dem berühmten Schaf Dolly gehört haben, das 1996 mithilfe von DNA-Molekülen geklont wurde. Kann man dann also davon ausgehen, dass Wissenschaftler, die das Wissen und die technischen Möglichkeiten besitzen, ein bestimmtes Tier zu klonen, es auch mit allen anderen tun können? Damit Klonen möglich ist, brauchen die Forscher allerdings eine vollständige Tierzelle mit einer intakten DNA. Die Geschichte eines Wollhaarmammuts veranschaulicht, wie unglaublich schwer dies zu bewerkstelligen ist. 2007 wurde ein 37 000 Jahre altes Wollhaarmammut-Baby aus einer zugefrorenen Sandbank am Fluss Juribei im Nordwesten Sibiriens geborgen. Russische Wissenschaftler hatten den Vorschlag verworfen, doch zu versuchen, das Mammut zu klonen, da für das Klonen vollständig erhaltene Zellen benötigt werden und die Zellen des Mammuts in der Kälte der Tundra geplatzt waren. Dennoch gelang es amerikanischen und russischen Wissenschaftlern im Jahr 2008, über 70 % der DNA aus Haaren verschiedener Mammutexemplare zu sequenzieren.

Kontamination ist ein weiteres Hauptproblem bei der Sequenzierung so alter DNA. Es ist möglich, dass einige der Sequenzen, von denen angenommen wird, dass sie von dem Mammut stammen, in Wirklichkeit Bakterien oder Pilzen gehören, die an der Zersetzung des toten Mammuts beteiligt waren. Wenn man Haar benutzt, ist es leichter viele dieser Kontaminanten zu entfernen, allerdings nicht alle. Indem sie die mutmaßliche Mammut-DNA mit der eines Afrikanischen Elefanten, seinem nächsten lebenden Verwandten, vergleichen, könnte es den Wissenschaftlern möglich sein, einige der Sequenzen der Kontaminanten zu identifizieren. An diesem Projekt wird immer noch gearbeitet.

Trotz dieser anfänglichen Schwierigkeiten versuchen japanische Wissenschaftler nun schon seit einigen Jahren, ein Wollhaarmammut zu klonen, waren aber bisher nicht erfolgreich. Dies liegt daran, dass die DNA zu lückenhaft und möglicherweise kontaminiert ist, wodurch es schwierig ist, die aufeinanderfolgenden Abschnitte richtig anzupassen. Jüngste Forschungsergebnisse könnten jedoch das Klonen des Wollhaarmammuts zumindest möglich erscheinen lassen. Im Jahr 2008 gelang es japanischen Wissenschaftler in Kobe, Mäuse aus Gehirnzellen zu klonen, die über 16 Jahre lang eingefroren waren. Man vermutet, dass ein hoher Zuckergehalt im Gehirn die DNA davor bewahrt haben könnte, zerstört zu werden. Vielleicht wird der Einsatz von Zellen aus einem eingefrorenen

• 81 • Ein 40 000 Jahre altes mumifiziertes Mammut-Baby aus Sibirien mit dem Spitznamen Lyuba.

Mammutgehirn den Schlüssel zum Klonen von Mammuts bereithalten.

Es gibt eine kaum abzuschätzende Anzahl an Hürden, die überwunden werden müssen, bevor Wissenschaftler überhaupt anfangen können, daran zu denken, ein ausgestorbenes Tier wieder zu erschaffen, erst recht aus DNA in Bernstein. Es mag sein, dass sich die Entschlüsselung des Mammut-Genoms ihrem Abschluss nähert, aber man kann nur vermuten, welche weiteren wissenschaftlichen Komplikationen sich ergeben werden, wenn der Versuch unternommen wird, anhand dieser beinahe vollständigen Sequenzen zu klonen. Vielleicht werden wir irgendwann in naher Zukunft den ersten Klon eines Wollhaarmammuts erleben. Dies könnte eine ethische Debatte darüber entfachen, ob es richtig ist, ein ausgestorbenes Säugetier aus der Eiszeit zu klonen und das auch noch in einer Zeit globaler Erwärmung.

Obwohl Mammutklone theoretisch möglich sind, ist es bei Dinosauriern etwas völlig anderes. Erstens existieren aus der Zeit der Dinosaurier keine Vereisungen, und so werden Wissenschaftler auch niemals eine DNA-Quelle aus einem eingefrorenen Tierkadaver auftun können. Zweitens, selbst wenn in Bernstein eingeschlossene DNA von einem Dinosaurier stammen sollte, wie könnten Wissenschaftler sie als solche identifizieren und mit welchem lebenden Tier ließe sie sich am besten vergleichen? Um DNA-Fragmente von Dinosauriern zu identifizieren, müssten sich Wissenschaftler Vögel anschauen etwa Laufvögel (Strauße oder Emus), die die nächsten lebenden Verwandten der Dinosaurier sind. Aber die Vogel-DNA würde entscheidende Unterschiede zur Dinosaurier-DNA aufweisen, wenn man die Lücke von 65 Millionen Jahren in der Evolution ihres Genoms berücksichtigt.

Kontamination wäre dann immer noch ein ernsthaftes Problem, mit dem sich jeder konfrontiert sieht, der behauptet, DNA aus irgendeinem fossilen Material, Bernstein eingeschlossen, wiederhergestellt zu haben. Es wäre enorm schwierig, sich auch nur im Geringsten sicher zu sein, was genau die Sequenzen eigentlich darstellen. Wenn man tatsächlich nicht dazu in der Lage ist, brauchbare DNA aus festen Knochen und Gewebe, das älter als hunderttausend Jahre ist, zu extrahieren, wie hoch stehen da die Chancen, gute DNA aus über 65 Millionen Jahre altem Bernstein zu bekommen? Die Antwort der meisten Wissenschaftler würde wahrscheinlich lauten: „Die Chancen stehen gleich null."

Es sieht also aus, als sei es sehr unwahrscheinlich, dass Dinosaurier aus den Innereien versteinerter blutsaugender Insekten in Bernstein wiedererschaffen werden könnten. Auf die eigentliche Eingangsfrage, „Lassen sich Dinosaurier mit Hilfe von Bernstein wieder zum Leben erwecken?", kann man meiner Ansicht nach getrost antworten: „Nein ... zumindest nicht beim aktuellen Forschungsstand."

Die Bernsteinfalle

Einer der aufregendsten Aspekte von Bernstein ist, dass er die versteinerten Überreste von Pflanzen und Tieren in einem schönen Stadium der Konservierung enthält. Diese Inklusen wurden sogar von den Römern bemerkt, die ein großes Stück Bernstein für Neros Gladiatorenspiele nach Rom brachten. Sie wurden von Plinius dem Älteren im 1. Jh. n. Chr. beschrieben:

> „Der größte Block Bernstein, den er [Julianus] herbeischaffte, wog 13 Pfund. [...] Dass er zuerst in flüssigem Zustand herabträufelte, beweisen einige aus dem Inneren durchscheinende Teile wie Ameisen, Mücken und Eidechsen, die zweifellos am frischen Bernstein hingen und beim Erhärten darin eingeschlossen wurden."

Obwohl Inklusen im Bernstein zwangsläufig bereits in früherer Zeit bekannt waren, gibt es keinen Hinweis darauf, dass man diese Stücke als wertvoller erachtete als jene ohne Einschlüsse. 1868 jedoch deutet ein Artikel, der für das viktorianische England verfasst wurde, darauf hin, dass Bernstein mit Inklusen bedeutend mehr kostete, als die Stücke ohne:

> „Einige Bernsteinstücke sind von Substanzen, die an ihnen hafteten und sich mit ihnen vermischten, bevor sie hart wurden, so verfärbt, dass sie auf dem Markt nicht mehr als vier oder fünf Schilling pro Pfund einbringen werden. Andere Stücke, die klar sind oder die Insekten in makellosem Zustand enthalten, sind zwischen 16 £ und 17 £ pro Pfund wert."

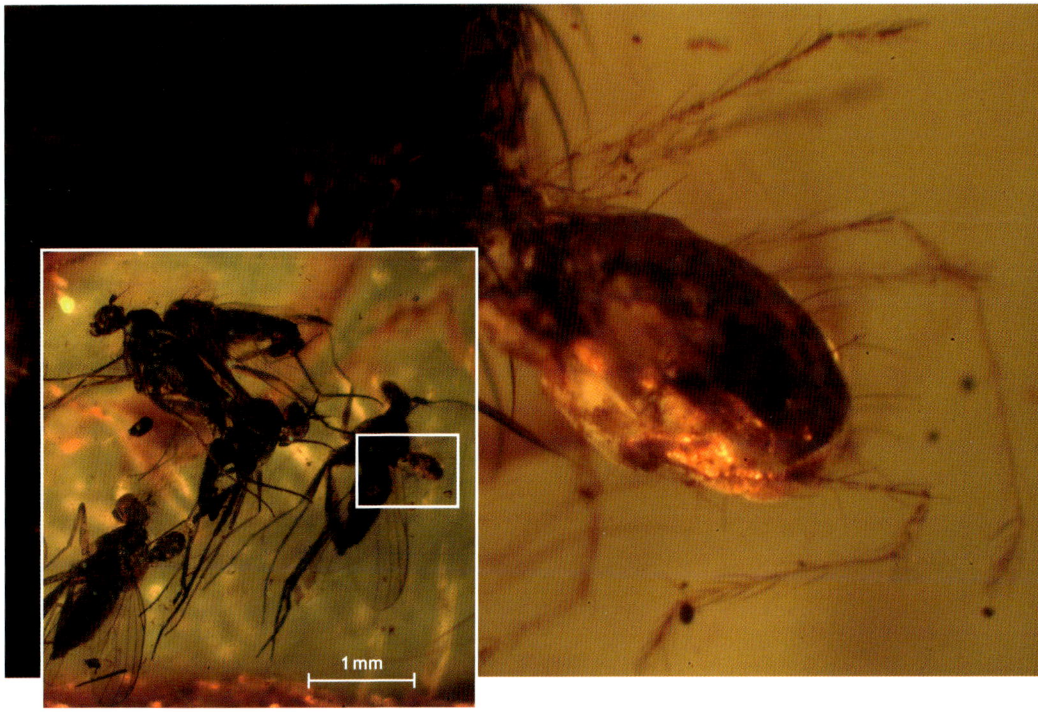

• 82 • Eine Sammlung von Langbeinfliegen in Bernstein, einige mit dem Parasit Leptus (vergrößert) hinten am Kopf.
(Maßstab = 1 mm, sofern bei den Bildern dieses Kapitels nichts anderes gesagt wird.)

Heute entspricht dies einem Wert von 40 € pro Kilo für minderwertigen Bernstein und über 2500 € pro Kilo für Bernstein mit Inklusen. Im Internet konnte man 2009 kleine Stücke Rohbernstein als Großmenge für etwas über 300 € pro Kilo zu kaufen. Der Wert von Bernstein mit deutlich erkennbaren Inklusen lässt sich schwerer abschätzen, aber abhängig vom jeweiligen Einschluss könnte sein Wert in einer Spanne zwischen etwa 2000 € pro Kilo für häufiger vorkommende Fossilinklusen bis zu über 70 000 € für seltene Einzelstücke mit ungewöhnlichen Inklusen wie Eidechsen, Federn oder sich paarenden Ameisen liegen.

Wie hoch auch immer der monetäre Wert von Bernstein mit Einschlüssen veranschlagt werden mag, der Wert für die Wissenschaft und das Verständnis der Ökologie des 40 Millionen Jahre alten balti-

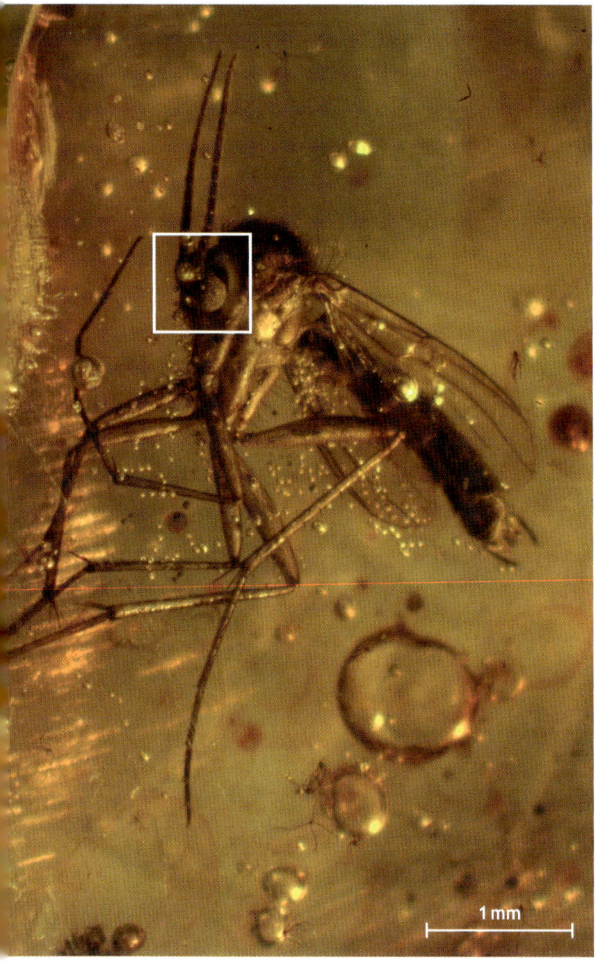

• 83 • Pilzmücke in Baltischem Bernstein mit einer Vergrößerung des Kopfes.

schen Bernsteinwaldes lässt sich nicht ermessen. Die Inklusen verraten eine Menge über die Tiere, die im Bernsteinwald lebten, und die Pflanzen, die dort wuchsen, über Veränderungen des Klimas und den Wechsel der Jahreszeiten, über das Zusammenspiel von Flora und Fauna und sie liefern wichtige Hinweise auf die Evolution bestimmter Pflanzen und Tiere.

Arten von Inklusen

Der Ausdruck „Inkluse" bezieht sich auf alles, was im Bernstein eingeschlossen ist. Es lassen sich viele verschiedene Arten von Inklusen im Bernstein ausmachen. Diese reichen von Wirbeltieren (wie beispielsweise Frösche und Eidechsen), Insekten und anderen Wirbellosen über Pilze, Bakterien und Pflanzen bis zu Bläschen, die Wasser und Luft enthalten, Fäkalien, Mineralien und anderen Bernsteintröpfchen. Am häufigsten bezieht sich der Ausdruck „Inklusen" bei Bernstein auf die Überreste von Pflanzen und Tieren, die darin eingeschlossen sind.

Pflanzen

Da es sich bei Bernstein um das Harz eines Waldbaumes handelt, könnte man mit gutem Grund annehmen, dass die überwiegende Mehrzahl der Inklusen aus Pflanzenmaterial besteht, insbesondere aus dem des Baumes, der das Bernsteinharz absonderte. Überraschenderweise ist dies jedoch nicht der Fall. Man findet eine große Vielfalt an pflanzlichen Überresten in Bernstein. Zu den häufigsten Pflanzeninklusen gehören Sternhaare oder Trichome. Diese winzigen sternförmigen Inklusen sind sehr verbreitet und ein Charakteristikum des Baltischen Bernsteins. Sternhaare können eine Verteidigung gegen Insekten und größere Pflanzenfresser sein und ebenso vor Wind und Regen schützen, durch die das weichere Gewebe der Pflanze potenziell geschädigt werden kann. Sie lassen sich auf den Blättern, dem Stamm und den Blütenknospen auch vieler heutiger Pflanzen finden.

Pflanzenblätter sind auch relativ weitverbreitete Inklusen, für gewöhnlich aber nur bruchstückhaft erhalten oder teilweise verrottet. Aus Baltischem Bernstein sind mindesten 26 verschiedene Pflanzenarten dokumentiert. Wenn man die Pflanzenarten, die im Baltischen Bernstein gefunden wurden, zu einem Gesamtbild zusammenfügt, kommt man zu dem Schluss, dass der Wald typisch ist für ein tropisches oder subtropisches Klima, so wie es heute in Nordafrika und Südeuropa herrscht. Die häufigsten Pflanzenarten, deren Spuren sich im Baltischen Bernstein finden, sind Eichen und Koniferen, Zypressen oder Kiefern. Zu den anderen, vielleicht selteneren Arten, gehören Weide, Dattelpalme, Sauerampfer, Hortensie, Geranie, Wacholder, Magnolie und Kampfer.

Gelegentlich sind auch Pflanzenblüten im Bernstein konserviert, wobei die Blüte der Eiche eine der häufigsten dieser Art Inkluse ist. Die Blüten anderer Pflanzen kommen allerdings auch vor, aus Baltischem Bernstein sind Vertreter von Rose, Zaubernuss, Scheineller und Teestrauch bekannt. Selten findet man auch die Früchte des Sauerklees. Zu weiteren Pflanzeninklusen gehören Leber- und Laubmoose sowie Farne.

Obwohl bis jetzt noch von keinen Pilz-Fruchtkörpern in Baltischem Bernstein berichtet wurde, gibt es einige bekannte Beispiele in Bernstein des jüngeren Miozäns

• 84 • Eine Auswahl der Pflanzenfunde in Baltischem Bernstein:

• 84a • ein Stück gewundene Birkenrinde?;

• 84b • eine Fichtennadel;

• 84c • Teil eines Mooses;

• 84d • eine Zypressenblüte.

• 85 • Staubblatt einer Blume in Mexikanischem Bernstein.

aus der Dominikanischen Republik und in Bernstein der älteren Kreidezeit aus New Jersey.

Tiere

Nach den Sternhaaren sind die bei weitem häufigsten Inklusen in Baltischem Bernstein Insekten und Spinnen. Basierend auf der Baltischen Bernstein-Sammlung des Hunterian Museums in Glasgow legt eine grobe Schätzung der Anteile der verschiedenen Arten von Tierinklusen nahe, dass es sich bei ungefähr 43 % der Tiere um Fliegen aus der Ordnung der Zweiflügler handelt und bei über 20 % um Spinnen. Bienen, Wespen und Ameisen machen nur ungefähr 9 % der Gesamtfunde aus, Springschwänze ebenfalls 9 % und Käfer nur 6 %. Die übrigen 13 % bestehen aus selteneren Vertretern der Fauna wie Schaben, Grillen und Würmern.

Zu den seltensten Tieren, deren Überreste man im Bernstein gefunden hat, gehören die Wirbeltiere. Obwohl ganze Säugetiere noch nie entdeckt wurden, sind gelegentlich Säugetierhaare und -knochen aufgetaucht. In einer interessanten Studie über Dominikanischen Bernstein gelang es sogar, die Säugetiergruppe zu bestimmen, von der einige der Haare stammte. Poinar, ein Wissenschaftler der Universität von Kalifornien, konnte zwei Parasiten bestimmen, die zu diesem Büschel aus ungefähr 50 Haaren gehörten. Die physischen Merkmale des Haars legten nahe, dass sie von einem Nagetier stammen könnten und bei der Bestimmung fand man über die ebenfalls eingeschlossenen Milben- und Käferlarven heraus, dass es sich um die dieselben Parasiten handelte wie bei heutigen Nagetieren. Die Knochen eines spitzmausähnlichen Insektenfressers wurden ebenfalls in Dominikanischem Bernstein gefunden. Wie es dazu kam, dass diese Haare und Knochen im Bernstein eingeschlossen wurden, ist nicht bekannt. Es könnte sein, dass sie von Vögeln fallen gelassen wurden oder, im Fall der Haare, dass sich das Tier gegen einen bernsteinproduzierenden Baum lehnte und einige Haare in der klebrigen Harzmasse zurückblieben, als es sich losriss.

Auch Vogelfedern werden hin und wieder in Baltischem Bernstein gefunden, aber die wahrscheinlich berühmtesten seltenen Fossilien sind die Eidechsen. Die ersten Aufzeichnungen über Eidechsen in Bernstein finden sich bei den Römern im 1. Jh. n. Chr. Allerdings wurde erst 1889 ein Lacertid, oder auch Echte Eidechse, wissenschaftlich erfasst. Die Eidechse, die aus Königsberg kam, ging zusammen mit anderen Objekten aus der Sammlung des Museums während des Zweiten Weltkriegs verloren, tauchte aber später gemeinsam mit anderen Stücken unbeschadet an der Universität Göttingen wieder auf. In der Zeit, in der es verschollen war, gab es vie-

• 86 • Manche Tierarten werden in verschiedenen Stadien ihres Entwicklungszyklus eingeschlossen. Dies hier ist eine Zwergzikade im Nymphenstadium mit einer Vergrößerung des Kopfes.

le Diskussionen darüber, ob es sich um ein authentisches Stück Baltischen Bernsteins handelte, da eine ähnliche Eidechse bereits zuvor in dem viel jüngeren afrikanischen Kopal entdeckt wurde. Zu guter Letzt wurde 1998 bestätigt, dass es sich um Baltischen Bernstein handelte und die Eidechse erhielt den Gattungsname *Succinilacerta*. Es wurden außerdem drei weitere unterschiedliche *Succinilacerta*-Arten gefunden und beschrieben, darunter die von Gabriela Gierłowska entdeckte Danziger Eidechse und im Jahr 2005 eine Geckoart aus Königsberg. Solche Funde kommen ausgesprochen selten vor und gerade weil sie so selten und damit so wertvoll sind, werden Eidechseninklusen häufig gefälscht.

• 87 • Ein Büschel feiner Säugetierhaare in Baltischem Bernstein.

Inklusen bestimmen

Um in der Lage zu sein, die gewaltige Vielfalt von Inklusen in Bernstein richtig zu bestimmen, ist es oft notwendig, die Kenntnisse eines spezialisierten Wissenschaftlers in Anspruch zu nehmen oder sich an einen sehr erfahrenen Sammler zu wenden. Es gibt Hunderte wissenschaftlicher Artikel und Bücher, die sich mit dem Thema Inklusen befassen, und es kann viele Jahre dauern, bis man zu einem Experten auf diesem Forschungsgebiet wird. Die nächsten Seiten geben einen Einblick in einige der Tierarten und anderen Inklusen, denen man in Baltischem Bernstein begegnet. Einige dieser Einschlüsse findet man relativ häufig, andere sind sehr selten, aber bevor man die Inkluse nicht exakt bestimmen

• 88 • Die „Gierłowska Eidechse" (*Succinilacerta succinea*) – eine der seltenen Eidechseninklusen, die in Baltischem Bernstein gefunden wurde. Dieses Exemplar stammt aus der Sammlung des Bernsteinmuseums in Danzig (eine Abteilung des Historischen Museums der Stadt Danzig). Das Objekt wurde von der Leopold Kronenberg Stiftung der Bank Citi Handlowy in Warschau gekauft und dem Museum gestiftet.

• 89 • Mücke in Baltischem Bernstein.

kann, ist es unmöglich zu sagen, was bei welcher der Fall ist. Es gibt Bücher, die dem Bernsteinsammler helfen, Inklusen genauer zu bestimmen, und auch einige, die für Laien wie für Profis gleichermaßen Bestimmungsschlüssel bereitstellen. In diesem Buch werden die Inklusen in einer Reihe von Bildern vorgestellt, die Details dessen zeigen, was man durch ein Mikroskop oder eine Lupe erkennen kann. Manchmal ist es sehr schwierig, Inklusen zu bestimmen, da der Bernstein Risse hat oder voller Bläschen ist, welche entscheidende Merkmale verdecken, oder weil sie aus irgendeinem anderen Grund nicht deutlich zu erkennen sind. Inklusen von Insekten beispielsweise können durch den Prozess des Polierens und durch natürliche Erosion am Meeresboden verloren gehen oder teilweise beschädigt werden. Oftmals findet sich auch nur ein Bein oder der Flügel einer Fliege, die aus dem Körper gerissen wurden, als das Tier versuchte, seiner Falle zu entkommen. Nur teilweise erhaltene Exemplare kommen in der Tat viel häufiger vor als vollständige Tiere.

Wenn normalerweise Inklusen in Bernstein für Publikationen abfotografiert werden, wird der Bernstein nahe beim Einschluss in dem gewünschten Winkel flach abgeschnitten, um ein optimales Ergebnis zu erzielen. Diese Technik kann die darin befindlichen Inklusen stark beschädigen. Ein Wissenschaftler, der nur an den Insekten interessiert ist, könnte sich dafür entscheiden, so durch den Bernstein zu schneiden, dass dabei Pflanzen oder Pilze beschädigt werden, die wiederum für andere Forschungsgebiete von wissenschaftlichem Interesse sind. Bei den folgenden Fotografien wurde der Bernstein nicht auf diese Art zerschnitten, sondern lediglich gut poliert. Die Bernstein-Nuggets hatten eine Vielzahl an Formen und Größen und die Inklusen befanden sich in unterschiedlichen Tiefen und Ausrichtungen zur Oberfläche. Um in der Lage zu sein, diese Einschlüsse zu fotografieren und dabei so viele inwendige Reflexionen und Verzerrungen wie möglich zu vermeiden, wurden die Bernstein-Nuggets in ein klares Öl getaucht, das einen ähnlichen Brechungsindex wie Bernstein besitzt (ungefähr 1,54).

• 90 • Gegenüberliegende Seite:
Eine Auswahl der in Baltischem Bernstein häufiger anzutreffenden Tierarten.
Von links oben:

a) Zikade,
b) Zwergspinne,
c) Haubennetzspinne,
d) Blattlaus,
e) Springschwanz,
f) Zwergsechsaugenspinne,
g) Milbe,
h) Silberfischchen,
i) Pilzmücke,
j) Köcherfliege,
k) Langbeinfliege,
l) Rüsselkäfer,
m) Jochkäfer,
n) Wespe,
o) Ameise,
p) Biene.

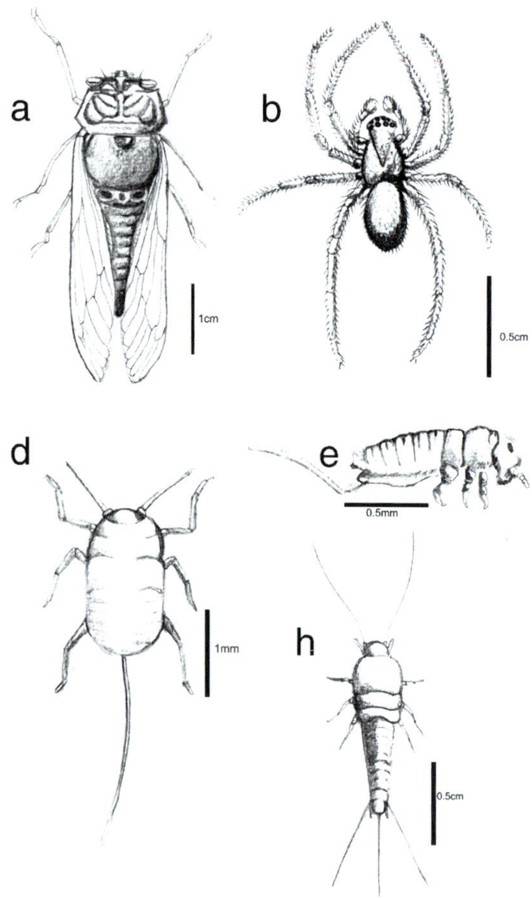

Obwohl es Mineralöl beinhaltet und deswegen für die Konservierung von Bernstein auf lange Sicht nicht geeignet ist, hat Babyöl einen ähnlichen Brechungsindex wie Bernstein und mit ihm lassen sich ganz gut die Verzerrungen umgehen, die ansonsten durch Lichtbrechung und Oberflächenspiegelungen verursacht würden.

Häufige und weniger häufige Inklusen

Einschlüsse in Bernstein zu bestimmen, ist nicht immer leicht und häufig kommt es vor, dass nur Teile von Tieren und Pflanzen erhalten sind. Risse, Pilzbewuchs und Bläschen können es ebenfalls erschweren, zu entscheiden, worum es sich bei den Inklusen handelt. Selbst in den seltenen Fällen, in denen sich die Inklusen gut erkennen lassen, ist es immer noch schwierig, sie ohne Expertenwissen und eine umfassende Sammlung an Referenzwerken mit Abbildungen und Beschreibungen zu bestimmen. Die Fotografien auf den folgenden Seiten sind eine Auswahl an Inklusen aus der Sammlung des Hunterian Museum Glasgow. Die Bernsteinstücke wurden nicht für wissenschaftliche Studien zerschnitten und so poliert, dass sie beschädigt würden, sondern man hat sie durch die verschiedenen Dickegrade und Krümmungen der jeweiligen Bernsteinstücke hindurch fotografiert. Sie bieten einen Leitfaden für die Arten der Konservierung, die natürliche Körperhaltung der Inklusen und eine grundlegende Bestimmung einiger häufig vorkommender Arten.

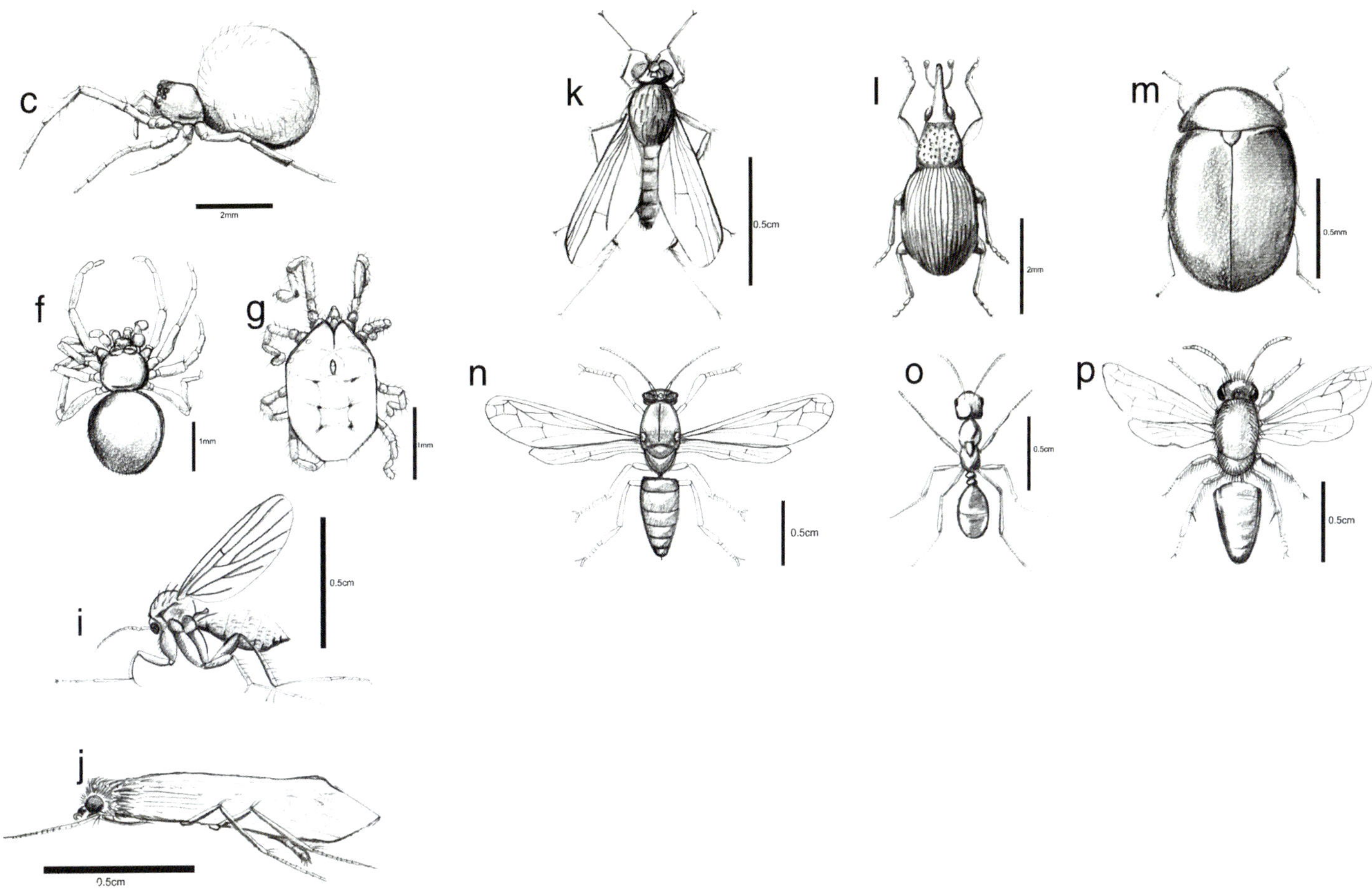

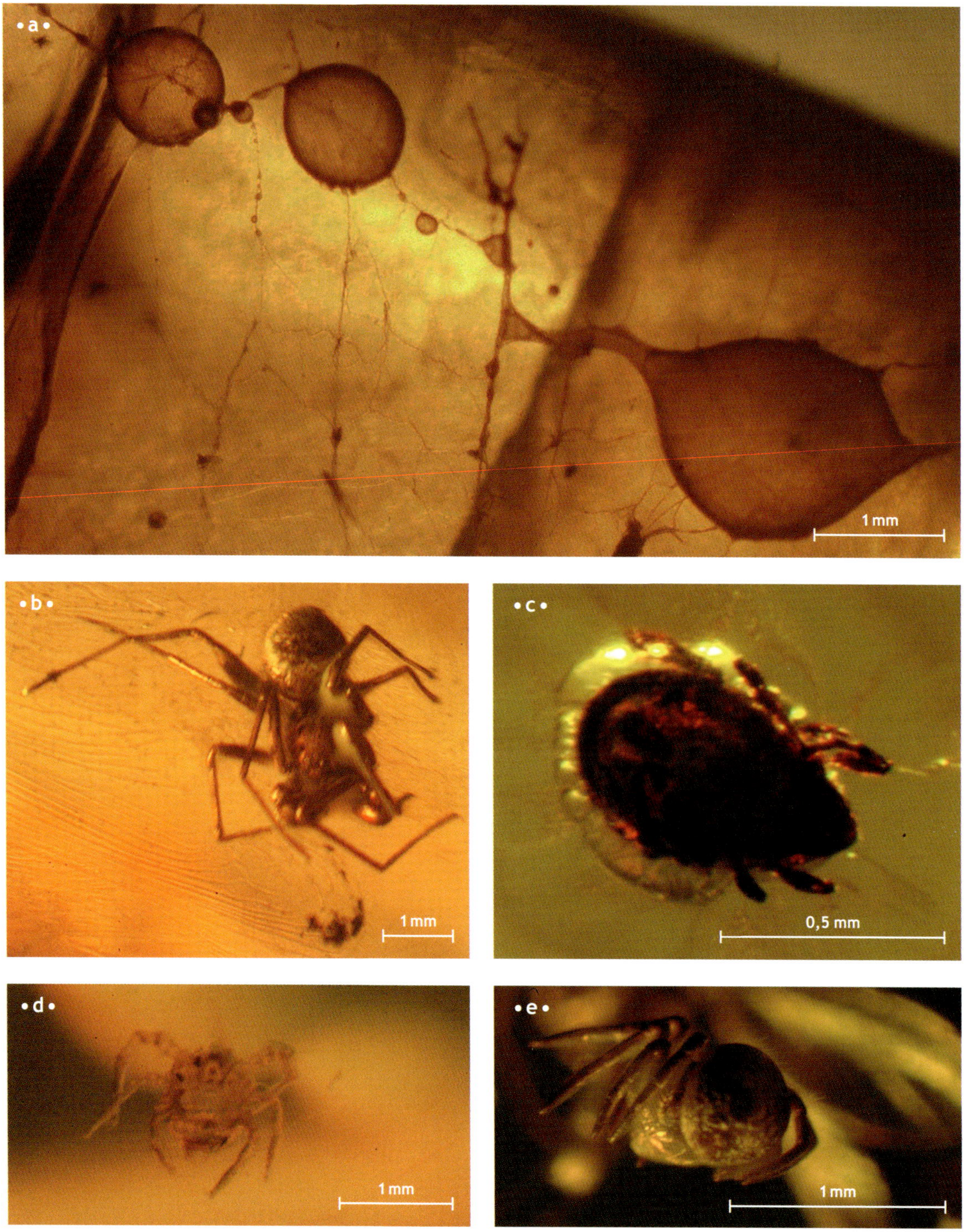

•91a–e• Spinnen (b, e) und Milben (c, d) können in einigen Bernsteinstücken recht häufig vorkommen, aber ein Spinnennetz (a) ist sehr selten. Das Netzmaterial ist widerstandsfähig genug, um nicht zu reißen, wenn der Bernstein darüber hinweg fließt, sodass manchmal darin gefangene Insekten oder sogar Tau konserviert werden.

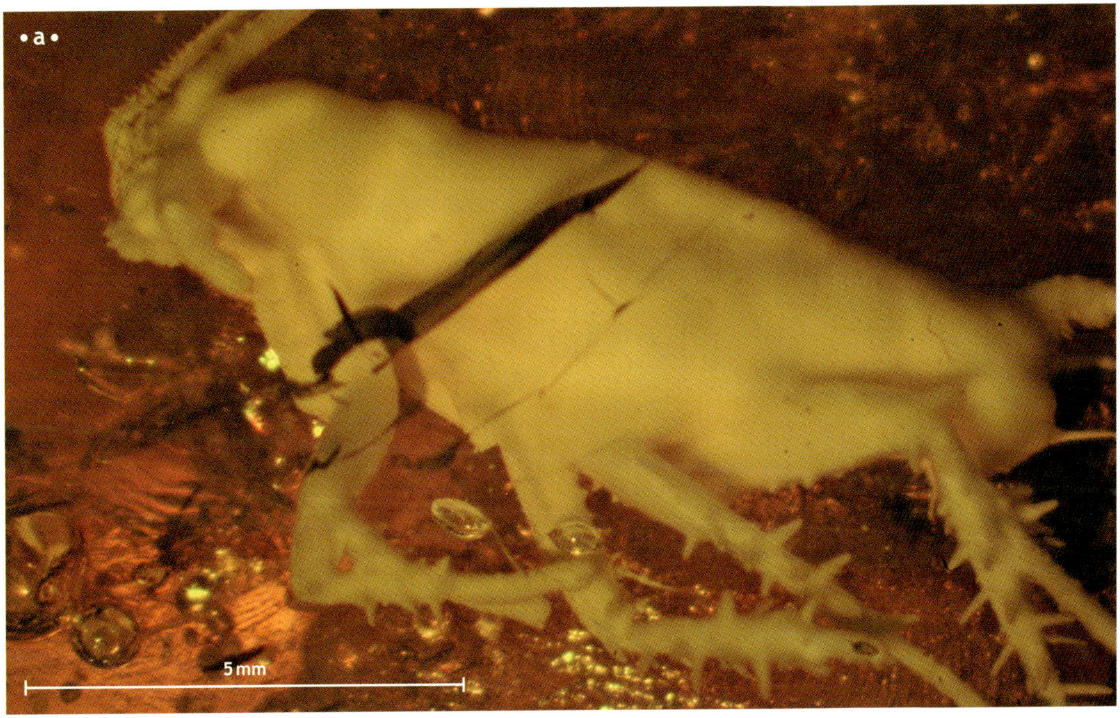

•92a, b• Zwei der größeren Tiere, die in Baltischem Bernstein eingeschlossen wurden. Eine Schabe (a) und ein Weberknecht (b), wobei die milchige Färbung an beiden Tieren das Produkt von Verwesungsprozessen, ausgelöst durch Pilze, ist. Dies ist ein häufiges Merkmal von größeren Tieren in Baltischem Bernstein. In den Einschlüssen finden sich auch einige Fliegen und Hundertfüßer.

•93a, b• Nicht alle Inklusen von großen Tieren weisen den Pilzbewuchs auf, der die einzelnen Details unkenntlich macht. Dieser Netzflügler (a) und diese Schabe (b) sind besonders gut erhalten, obwohl der Zikade das hintere Ende ihrer Flügel am Rand des Bernstein-Nuggets fehlt.

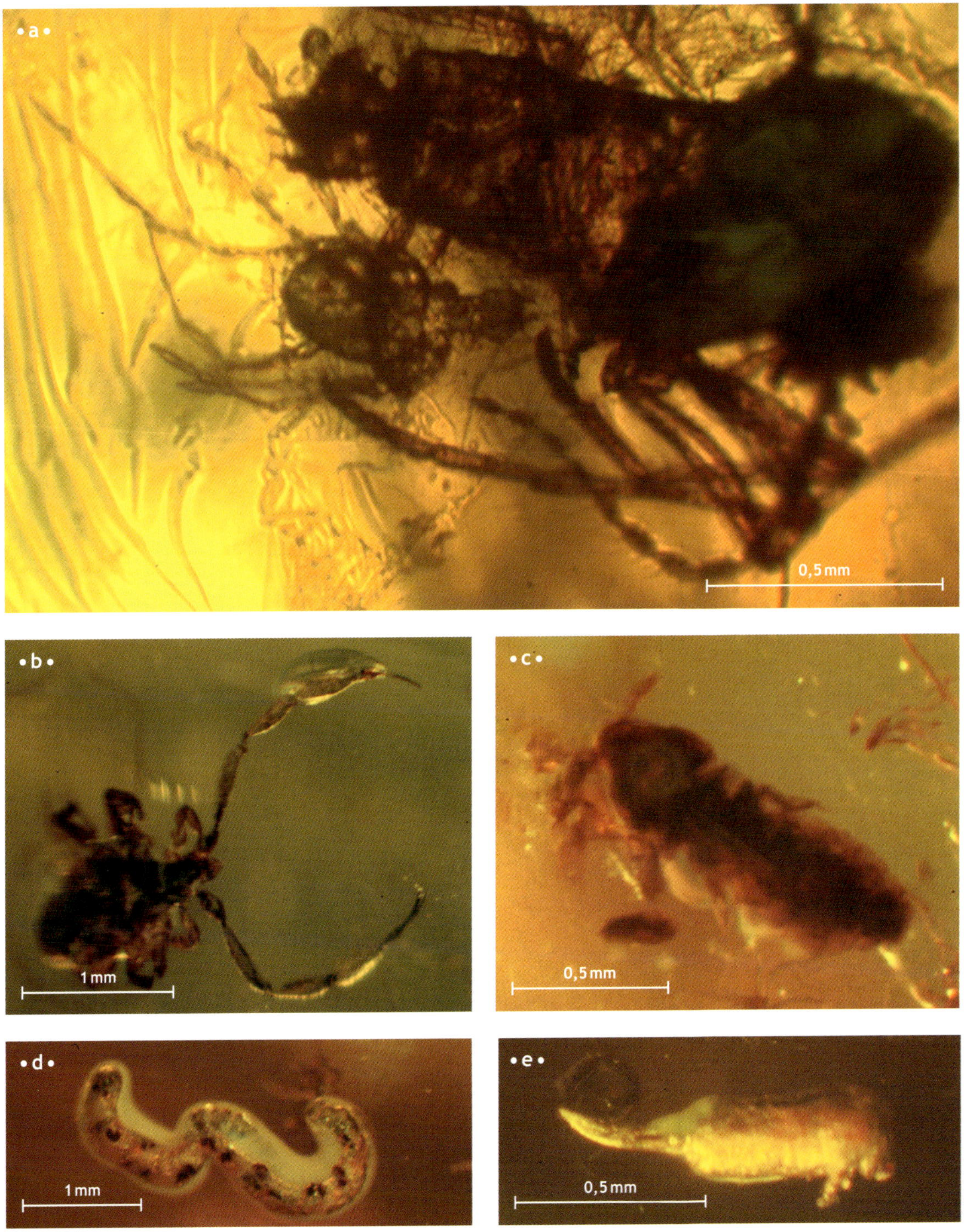

•94a–e• Auf dieser Auswahl ungewöhnlicher Tiere sieht man eine parasitäre Milbe (*Leptus*), die sich an eine kleine Schmetterlingsmücke (a) geheftet hat. Etwa 25 Arten von Pseudoskorpionen (b) wurden in Baltischem Bernstein entdeckt, doch trotzdem sind sie vergleichsweise selten. Obwohl Springschwänze (c, e) recht häufig vorkommen, handelt es sich bei ihnen um sehr kleine Inklusen, die vom ungeübten Betrachter oft übersehen werden. Dieser Gliederwurm (d) ist extrem selten und muss noch genauer bestimmt werden.

• 95a – c • Bei einigen Insekten kann man erkennen, wie sie sich abmühten, um sich aus der Bernsteinfalle zu befreien, wie bei dieser gekrümmten Ameise (a) und der Blattlaus (c), wohingegen andere, wie dieser Schnellkäfer (*Pactopus*) (b), die Gliedmaßen einziehen, bis die Gefahr vorüber ist, sich dessen aber nicht bewusst sind, dass sie vom Bernstein bereits vollständig umhüllt wurden, und dass sie darin für die nächsten 40 Millionen Jahre gefangen sein werden.

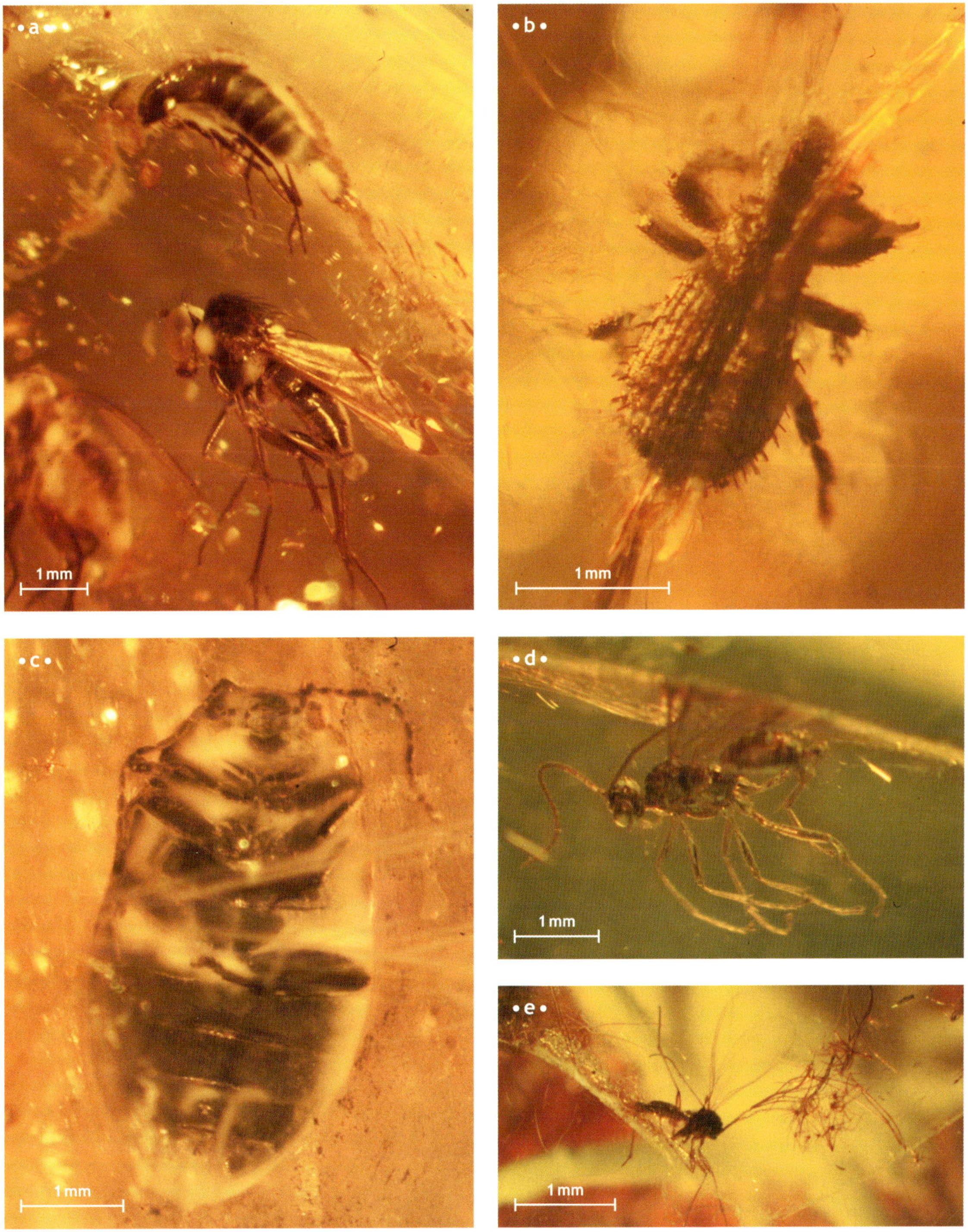

•96a–e• Massenfänge sind nicht ungewöhnlich; wie beispielsweise der Kurzflügler über den beiden Langbeinfliegen (a). Im Bernstein entstehen manchmal Risse durch das fossile Insekt hindurch, vielleicht weil der Bernstein an den Stellen geschwächt ist, an denen Verwesung stattgefunden hat, wie es bei diesem stacheligen Rüsselkäfer (b) der Fall ist. Es kann auch vorkommen, dass am Rand, wo Bernsteinharz über anderes Harz geflossen ist, Risse entstehen, so wie bei diesen parasitischen Wespen (d, e). Die Unterseite des hier abgebildeten Jochkäfers (c) ist für die eines Käfers ungewöhnlich gut erhalten.

•97• An dieser Vergrößerung des Kopfes einer Langbeinfliege in Baltischem Bernstein lässt sich gut erkennen, wie viele Details dieser Insekten im Bernstein konserviert werden. Jedes Einzelauge des Facettenauges und jedes Sinneshaar an ihrem Kopf ist deutlich zu erkennen.

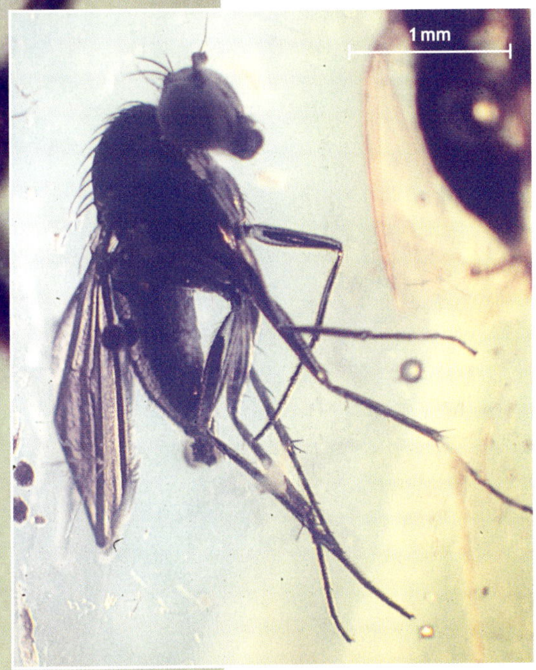

• 98 • Diese Großaufnahme einer Langbeinfliege in Baltischem Bernstein, die gemacht wurde, indem transmittiertes ultraviolettes Licht benutzt wurde, zeigt die leicht geschrumpften Muskeln in den Beinen. Eine ultraviolette Lichtquelle wurde unterhalb des Bernsteins platziert, sodass er fluoreszierte und das Insekt durchleuchtete. Es ist wichtig, nicht direkt in ultraviolettes Licht zu schauen, wenn man Insekten auf diese Art fotografiert, da es das Auge schädigen kann.

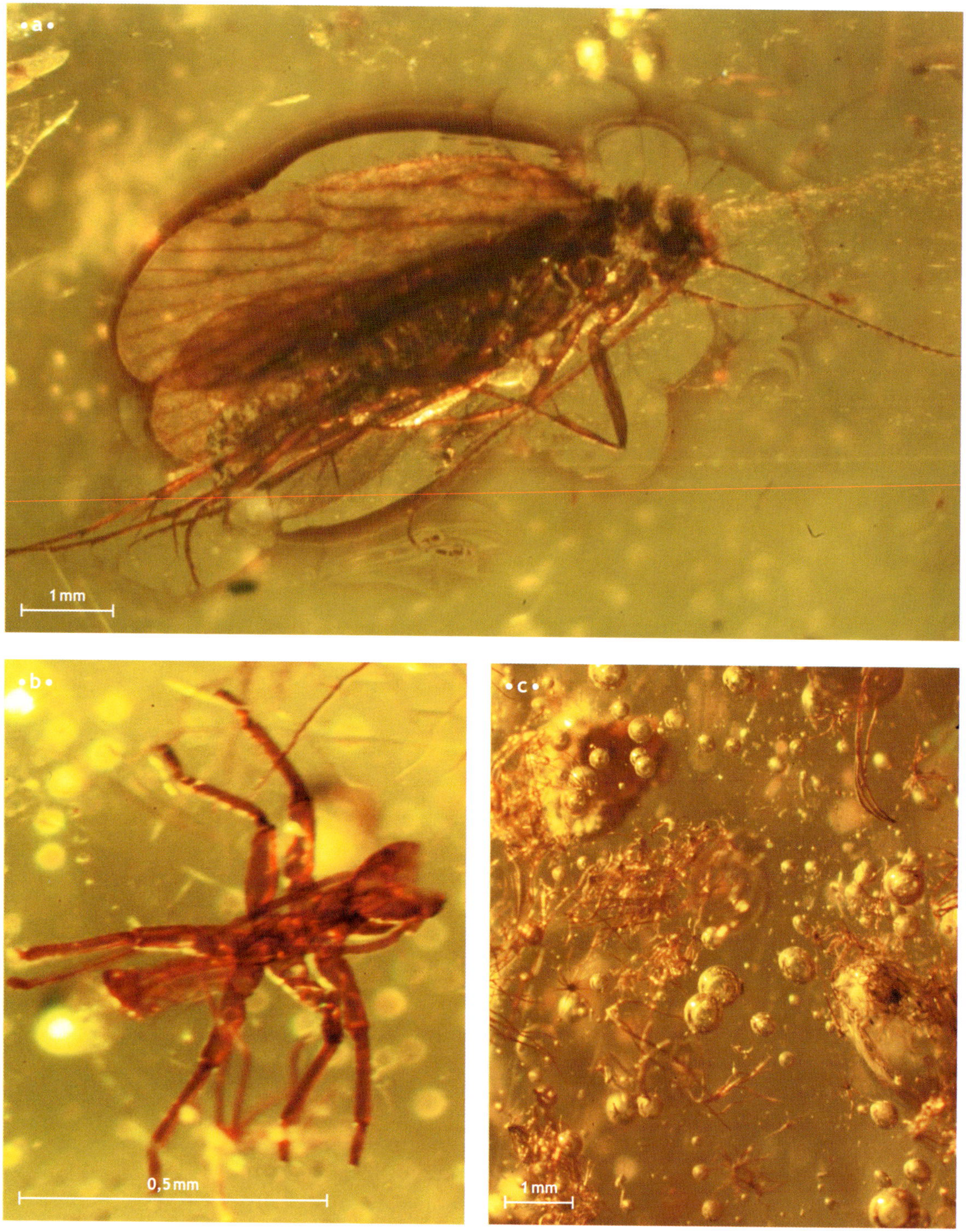

•99a–c• Bei dieser fossilen Köcherfliege (a) liegt ein Haloeffekt vor, möglicherweise wegen des Zersetzungsprozesses, der bei der Fliege eingesetzt hatte, nachdem sie gefangen war. Nicht alle Inklusen sind leicht zu bestimmen; diese seltsame winzige abgestreifte Haut einer Insektenlarve (b) mit großen Kiefern und langen Fühlern muss erst noch bestimmt werden. Bei den häufigsten Inklusen in Baltischem Bernstein handelt es sich um Luftbläschen und Sternhaare (c). Manchmal befinden sich auch Gas- und Flüssigkeitsbläschen in ihrem Inneren.

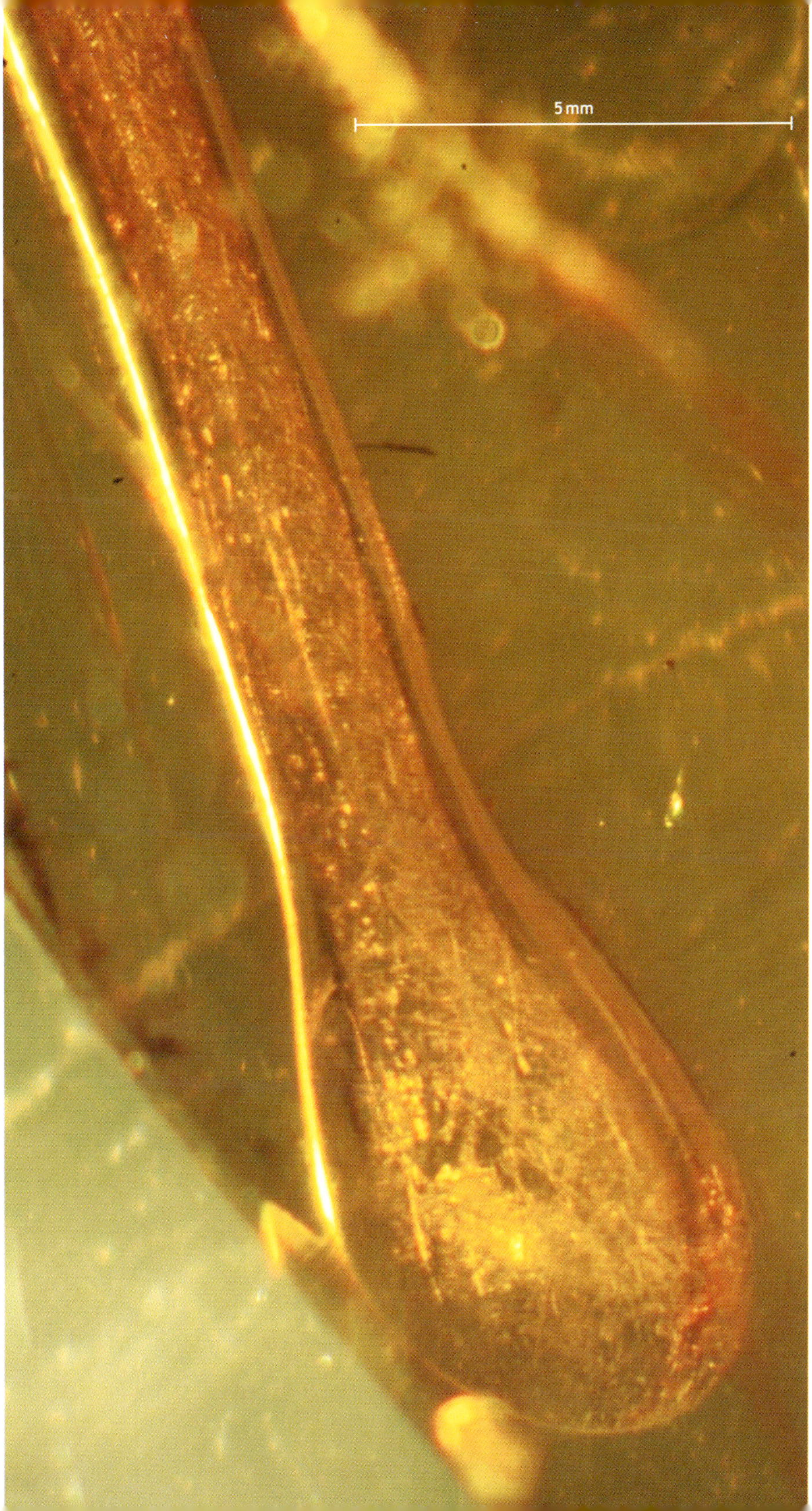

• 100 • Da Bernstein von den harzproduzierenden Bäumen hinabtropft, bildet er Tropfen, Tröpfchen, oder sogar Stalaktiten und „Zapfen". Diese können als natürliche Bernsteintropfen konserviert werden, doch manchmal schließt ein neuer Bernsteinfluss den vorherigen Tropfen ein und „fängt" ihn, wie er es mit Insekten tut. Dieses Bild, das einen langen Tropfen zeigt, der in einer bauchigen Spitze ausläuft, wo der erste Fluss geendet hatte, ist ein Beispiel einer Bernsteinikluse in Bernstein. Manchmal kann man Insekten finden, die im ersten Fluss gefangen sind, so wie die Milbe, die in der Nähe des bauchigen Endes dieses Stalaktiten eingeschlossen ist.

Bernsteinfälschungen und Ersatzstoffe

Aufgrund der Beliebtheit von Bernstein und des Wertes, der ihm zugeschrieben wird, gab es viele Versuche, billigere und vergleichbare Ersatzstoffe herzustellen, manchmal mit dem Ziel andere zu täuschen und manchmal auch nur um Bernstein zu imitieren. Ob der Hersteller das Objekt nun ursprünglich produzierte, um jemanden hinters Licht zu führen oder nicht, viele Imitate werden mittlerweile bei Internet-Auktionen als echter Bernstein verkauft. Der Begriff „Bernstein" kann sich auf Rohbernstein, bearbeiteten Bernstein, durch Erhitzen geklärten, also behandelten Bernstein, Pressbernstein, andere Harze und Bernsteinimitat beziehen. Dank der Popularität des Films *Jurassic Park* begann der Markt für Bernstein mit Inklusen zu florieren. Die Kehrseite dieser Entwicklung ist, dass für den unbedarften Sammler mehr gefälschte Inklusen und Bernsteinimitate erhältlich sind als jemals in der Geschichte des Bernsteinhandels zuvor.

Seit Beginn des 16. Jh. und vielleicht sogar noch früher wurden gefälschte Inklusen hergestellt. Ein Frosch, eine Eidechse, ein Fisch oder ein anderes ansprechendes Tier kann in ein in den Bernstein gebohrtes Loch gesetzt und dann versiegelt werden. Diese Art Fälschungen wurden durch Abbildungen in Publikationen von Daniel Hermann (1583) und Nathanael Sendel (1742) aufgedeckt. Obgleich Eidechsen und Geckos in echten Bernsteinstücken entdeckt wurden, fand man bis heute keinen Fisch und dies entging diesen frühen Pionieren beim Aufdecken von Fälschungen nicht. 1749 wies John Lowthorp darauf hin, dass einige Inklusen Ergebnisse von „Kunst" seien, besonders diejenigen mit Fischinklusen. Es ist jedoch sehr gut möglich, dass einige echte, seltene Einschlüsse ebenfalls als Fälschungen gebrandmarkt wurden, da man im 17. Jh. von der Annahme ausging, dass Bernstein ein Harz auf der Basis von Erdöl war, das an die Meeresoberfläche stieg und es deswegen unwahrscheinlich gewesen sei, dass Landtiere darin eingeschlossen würden.

1661 wurde von J. Wecker und R. Read eine Anleitung verfasst, um künstlichen Bernstein herzustellen.

„Wie man Bernstein nachmacht

Um Bernstein nachzumachen, gehe man wie folgt vor: Man nehme Kristall, der zu einem sehr feinen Pulver zerstoßen wurde und Eiweiß, bei dem man den Hahnentritt entferne, und schlage es so lange und schöpfe den Schaum so lange ab, bis es sich in Wasser auflöst; nun vermenge man das besagte Pulver damit und vermische alles gut miteinander, wobei man etwas fein zerriebenen Safran hinzugeben kann, wenn man gelben Bernstein herzustellen wünscht. Dann schütte man all dies in ein hohles Schilfrohr oder einen Darm oder eine Glasphiole und halte es so lange in siedendes Wasser, bis es eine feste, harte Konsistenz angenom-

• 101 • Auswahl an Inklusen aus Nathanael Sendels *Historia succinorum corpora aliena*. Leipzig, 1742.

men hat. Man nehme es dann heraus und schleife es auf Marmor und forme es dann dergestalt man möchte; wenn man kleine Perlen zum Ave Maria beten oder für Schwertgriffe machen will, steche man die Löcher, bevor man es trocknen lässt, danach lege man es in die Sonne; man kann auch jede beliebige Farbe beimischen, und jene wertvollen Steine nachmachen, die man sich sehnlichst wünscht, doch dann muss die Masse gesiebt werden, bevor sie gekocht wird, damit der Juwelkörper transparent und klar sei. Ein Geheimnis eines findigen Handwerksmeisters, meines Freundes.
Mizaldus."

„Wie man Bernstein schmelzt
Bernstein lässt sich mit den Händen formen wie Wachs und in jede beliebige Form bringen, wenn er zu gefiltertem Wachs geschmolzen wird. Dann wird er so weich und geschmeidig, dass man ihn leicht für Siegel und andere Dinge, die man zu machen wünscht, benutzen kann. *Mizaldus hat dies von einem findigen Edelsteinschleifer und Gießer.*"

Es ist nicht bekannt, wie erfolgreich man mit diesem nachgemachten Produkt die Leute, denen man es verkaufte, hereinlegen konnte, aber da er darlegt, dass es wie „Wachs" sei, kann man getrost annehmen, dass es nur einen sehr beschränkten Markt dafür gab.

Künstlicher Bernstein

Man benutzt eine Vielzahl an Materialien, um Bernstein nachzuahmen. Die am häufigsten verwendeten Stoffe, die manchmal fälschlicherweise als Bernstein verkauft werden, sind Kopal, Glas, Zelluloid, Phenolharz, Kasein und Kunststoffe. Recht häufig wird Bernstein mit anderen Harzen oder Kunststoffen zusammengepresst oder damit versetzt. Bernstein lässt sich behandeln, indem er auf eine hohe Temperatur erhitzt wird, um wundervolle Effekte zu erzeugen wie Blitzer, die den natürlichen Sonnenflinten ähnlich sehen, um grünen Bernstein herzustellen und um opaken Bernstein zu klären. All diese Effekte lassen sich aber auch mit bestimmten Kunststoffen erzeugen, weshalb diese Merkmale von Bernstein kein sicheres Indiz dafür sind, dass es sich nicht doch um eine Fälschung handelt.

Kopal ist ein relativ junges Baumharz, meistens nicht älter als wenige Millionen Jahre. Wegen seiner tiefen Schmelztemperatur findet man in Kopal häufig Insekteneinschlüsse, die von skrupellosen Händlern hinzugefügt werden. Kopal wird am häufigsten für Bernstein ausgegeben, im Allgemeinen stammt er aus Ländern wie Kolumbien und Madagaskar.

• 102 • Rechts: Bernsteinfarbene Handtaschen aus Bakelit, Schenkung von Martha Sabin. © Special Collections, University of Colorado at Boulder Libraries, USA.

• 103 • Links: „Sonnenflinten" in einem nachgemachten Stück grünem Bernstein aus Kunststoff.

Glas wurde seit der Eisenzeit als Ersatzstoff für Bernstein benutzt. Einige Hortfunde der Römer und Wikinger enthalten Glasperlen mit der Farbe von Bernstein. Obwohl sich Glas relativ einfach von Bernstein unterscheiden lässt, da es kalt ist, wenn man es berührt, könnten es diese frühen Völker als eine Alternative gewählt haben, da es, anders als Bernstein, robust ist und nicht brennt.

• 104 • Gefälschter Bernstein aus China, der im Internet als echter Bernstein mit Skorpioninkluse verkauft wurde.

Zelluloid ist optisch nur sehr schwer von Bernstein zu unterscheiden. Es wird aus Cellulosenitrat und Kampfer hergestellt und war in den 1850er Jahren der erste Thermoplast. Am bekanntesten ist Zelluloid durch seinen Einsatz in der Filmindustrie seit den 1880ern. Es lässt sich leicht verformen und gestalten, ist jedoch hoch entzündlich und wird deswegen heute nur noch selten benutzt. Wenn es erhitzt wird, verströmt es den charakteristischen beißenden Geruch von verbranntem Plastik.

Phenoplast ist ein synthetisches duroplastisches Harz, das durch eine chemische Reaktion entsteht. Das im frühen 20. Jh. entwickelte Bakelit, ein Phenolharz, das mit Holzmehl vermischt wird, war eines der gebräuchlichsten Bernsteinimitate. Es wird heute nur noch selten genutzt, da es ziemlich spröde ist. Die Färbung dieser Substanz kann der von Bernstein sehr ähnlich sein und häufig benutzte man es in Form von künstlichen Bernsteinperlen. In jüngster Vergangenheit gab es einen Rechtsstreit zwischen Erben über Bakelitschmuck, von dem sie fälschlicherweise angenommen hatten, es sei ein wertvolles Familienerbstück. Nichtsdestotrotz ist Bakelit heute ein recht begehrtes Sammlerstück und erzielt unter Liebhabern gute Preise. Wenn sie erhitzt werden, riechen Phenoplaste, anders als Bernstein, nicht nach Fichtenharz.

Bei Kasein handelt es sich um ein Phosphoprotein, das sich in Kuhmilch findet, und das häufig von Künstlern als wasserlösliches Mittel für Farben eingesetzt wird. Wenn man es mit Wasser und Formaldehyd mischt, entsteht eine gelbliche Verbindung, die etwas dichter als Bernstein ist. Es wurde in den 1860er Jahren als erster halbsynthetischer Kunststoff entwickelt und kam unter dem Handelsnamen *Galalith* auf den Markt. Später verwendete man es bei der Schmuckproduktion, nachdem ein Trockenverfahren für die Herstellung entwickelt wurde. 1915 war die englische Königin Mary von diesem Erzeugnis so beeindruckt, dass sie auf der ersten britischen Industriemesse etliche Schmuckstücke aus Kasein kaufte.

Kunststoffe wie Polyester oder Polystyren werden immer noch häufig als Ersatz für Bernstein benutzt besonders in Mexiko, der Dominikanischen Republik und China. Etliche nichts ahnende Eidechsen, Frösche und Insekten haben sich eingeschlossen in einem Plastiksarg wiedergefunden und wurden für beträchtliche Geldsummen an bedauernswerte Sammler verkauft. Viele der modernen Kunststoffe lassen sich nur schwer von Bernstein unterscheiden, ohne eine Reihe von Tests durchzuführen.

Wie man echten Bernstein erkennt

Es ist nicht immer leicht, echten Bernstein von Imitationen zu unterscheiden. Allerdings lässt sich eine Reihe von Tests durchführen, die dabei helfen, zumindest einige Verdachtsfälle zu klären. Wenn Bernstein bereits in ein Schmuckstück eingesetzt ist, kann es bei vielen dieser Tests ziemlich schwierig sein, sie durchzuführen, da sie den Bernstein während des Verfahrens leicht beschädigen. Für manche Tests bedarf es einer Laborausrüstung, um gewisse Eigenschaften wie relative Dichte, Schmelzpunkt und Brechungsindex zu bestimmen. Für andere braucht man spezielle Instrumente wie ein Infrarotspektrometer, um die charakteristische „Baltische Bernstein Schulter“ zu messen, die Baltischen Bernstein von anderen Bernsteinen unterscheidet. Diese Tests nützen also dem durchschnittlichen Bernsteinsammler nur recht wenig.

Die folgenden Tests können von jedermann durchgeführt werden, ohne sein Bernsteinstück allzu sehr zu beschädigen.

Nicht-destruktive Tests

Ultraviolette Fluoreszenz

Ein Großteil des Bernsteins leuchtet in einer blassen blauen Farbe, wenn er kurzwelligem UV-Licht ausgesetzt wird. Dadurch können ungewöhnliche und interessante Fließmuster zu erkennen sein, die sich auf natürliche Art bilden, wenn sich eine Schicht aus Bernsteinharz auf Harz sammelt, das bereits hart oder zumindest teilweise erhärtet war. Mithilfe von ultraviolettem Licht ist es auch möglich, die Inklusen

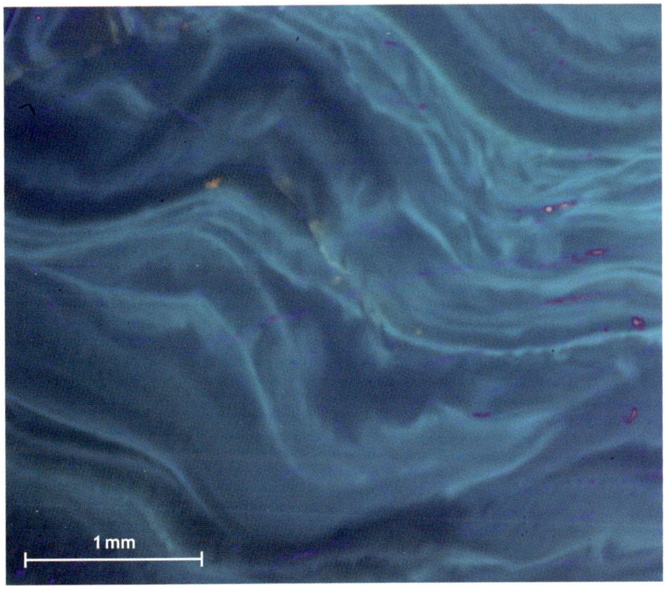

• 105 • Fließmuster in Bernstein aus Borneo, der unter ultraviolettem Licht fluoresziert. (Maßstab = 1 mm)

• 106a–c • Identische Ansicht einer Ameise in Baltischem Bernstein: a) in natürlich durchfallendem Licht, b) und c) in ultraviolettem Licht. Indem man den Bernstein in b) von der Seite angestrahlt hat, sind die Fließmuster sichtbar, während c) von unten beleuchtet wurde und die Silhouette der Ameise gegen den fluoreszierenden Bernstein zeigt. (Maßstab = 1 mm)

und deren Einbettung in diese Fließmuster im Bernstein zu untersuchen.

Flotation

Aufgrund seiner geringfügig höheren Dichte schwimmt Bernstein nicht in Meereswasser, außer im sehr salzhaltigen Toten Meer. Da seine Dichte jedoch ähnlich der von Meereswasser ist, wird Bernstein sehr leicht von Strömungen am Meeresboden bewegt. Wenn man Bernstein in stark mit Salz gesättigtes Wasser legt, sollte er auf der Oberfläche treiben. Löst man 23 g Speisesalz in 200 ml lauwarmem Wasser vollständig auf, wird dadurch die Dichte des Wassers stark genug erhöht, dass Bernstein auf ihm schwimmen kann. Dies ist ein einfacher Test, aber keiner, der absolute Sicherheit gewährt, da einige Kopale und moderne Kunststoffe ebenfalls auf dem Wasser treiben könnten. Trotzdem bedeutet das Sinken der Probe obwohl nichts daran befestigt ist, wie etwa eine Schmuckeinfassung, dass es sich mit großer Wahrscheinlichkeit nicht um Bernstein handelt.

Bestimmung der Inklusen

Für diesen Test wird man die Hilfe eines wissenschaftlichen Experten benötigen, etwa eines spezialisierten Paläontologen (befasst sich mit Fossilien), Botanikers (befasst sich mit Pflanzen) oder eines Entomologen (befasst sich mit Insekten). Bei den meisten Pflanzen- und Insekteninklusen im Bernstein handelt es sich um Exemplare einer ausgestorbenen Spezies oder um Arten, die sich im Laufe der Zeit weiterentwickelt und leicht verändert haben. Wenn die Art, die sich in der Probe findet, nicht bereits ausgestorben ist oder sich irgendwie von ihrem lebenden Verwandten unterscheidet, kann es sich nicht um echten Bernstein handeln. Die Anwesenheit der kleinen Sternhaare oder Trichome, die sich häufig in Baltischem oder Mexikanischem Bernstein finden, ist ebenfalls ein gutes Indiz für die Echtheit, da Fälscher sich nur selten die Mühe machen, solche winzigen Inklusen in der ganzen Probe zu verteilen. Als Faustregel gilt, dass Inklusen selten makellos und dass Eidechsen extrem sel-

• 107 • Eine echte Eidechse in gefälschtem Bernstein ist nicht immer leicht zu erkennen. Dieses Exemplar ist in gepresstem Kopal konserviert.
(mit Genehmigung des East Ayrshire Council)

ten sind. Bei Fälschungen trifft genau das Gegenteil zu und das Exemplar wird oft in eine fast perfekte und unnatürliche Körperhaltung gesetzt.

Polarisiertes Licht

Wenn die Probe zwischen zwei Polfilter gesetzt und einer davon um 360° gedreht wird, dann sollte eine Abfolge von Regenbogenfarben zu sehen sein. Das lässt sich zwar auch bei einigen modernen Kunststoffen beobachten, diese Technik zeigt jedoch, ob es wieder aufgefüllte Bohrlöcher gibt, die gemacht wurden, um künstlich Inklusen einzusetzen. Bei allen Proben, an denen sich der Regenbogenfarbeneffekt nicht feststellen lässt, kann es sich nicht um echten Bernstein handeln.

Geschmack

Hierbei handelt es sich um einen ungewöhnlichen Test und er erfordert viel Erfahrung. Die Probe sollte gründlich in Wasser gereinigt werden, bevor man diesen Test durchführt. Viele moderne Kunststoffe haben, wenn man sie mit der Zunge berührt, einen bitteren chemischen Geschmack. Bernstein und Kopal schmecken nach fast gar nichts.

Reibung

Wenn er mit einem weichen Tuch oder in der Handfläche gerieben wird, verströmt echter Bernstein einen leicht harzigen Geruch nach Fichte und lädt sich statisch auf. Es ist sogar möglich, dass er sehr kleine Papierstückchen anzieht. Wenn dieser Test auf Kopal angewendet wird, kann er weich werden und sich leicht klebrig anfühlen.

Tests, die leichte oder beträchtliche Schäden verursachen können

Es ist immer das Beste, diese Tests an nicht sichtbaren Stellen des Objekts durchzuführen, das geprüft werden soll. Wenn es sich herausstellen sollte, dass es sich tatsächlich um Bernstein handelt, möchte man nicht ein wichtiges und wertvolles Stück während des Tests ruiniert haben.

Kratzen

Auf der Härteskala nach Mohs, auf der Talk den Härtegrad 1 und Diamant den Grad 10 hat, besitzt Bernstein einen Härtegrad zwischen 1,5 und 2,5. Bernstein ist verhältnismäßig weich und kann mit Platin zerkratzt werden, das bei ungefähr 4 auf der Mohsskala liegt. Mit einem Fingernagel lässt er sich jedoch nicht zerkratzen, da beide ungefähr die gleiche Härte haben.

Schmelzen

Wenn man eine Nadelspitze so lange erhitzt, bis sie rot glüht und sie dann in Bern-

• 108 • Mexikanischer Bernstein in gekreuzt polarisiertem Licht (links) und in natürlichem Licht (rechts).

stein drückt, bildet sich rußiger Rauch. Wenn es sich bei der Probe um Kopal und nicht um Bernstein handelt, dringt die Nadel recht mühelos ein und es entsteht ein angenehmer Duft. Selbst ohne die Nadel zu erhitzen, kann man echten Bernstein erkennen, da Kunststoff elastisch ist und die Nadel darin stecken bleibt. Bernstein ist spröde und splittert häufig, wenn man eine Nadel hineinsticht. Darüber hinaus ist Bernstein ein schlechter Wärmeleiter, weshalb er sich immer warm anfühlt, wenn man ihn berührt.

Auflösen

Man träufelt einen Tropfen Aceton auf die Probe und wartet, bis er verdunstet. Im Anschluss gibt man einen weiteren Tropfen auf den vorherigen. Es ist sehr schwierig, Bernstein in Aceton aufzulösen und er wird unbeeinträchtigt bleiben. Kopal hingegen wird klebrig werden.

Schneiden

Wenn man versucht, ein kleines Stück der Probe abzuschälen und ohne zu splittern kleine Späne entstehen, handelt es sich wahrscheinlich um Plastik. Bernstein ist spröde und wird eher brechen und splittern, als dass er sich leicht abschälen ließe.

Worauf man achten sollte, wenn man ein Stück Bernstein besitzt

Anders als Diamanten währt Bernstein bedauerlicherweise nicht ewig. Bernstein aus der Bronzezeit und sogar einige Stücke aus der Römerzeit haben eine dicke bröckelige Kruste gebildet. Obwohl Bernstein viele Millionen Jahre alt ist und man annehmen könnte, er sei chemisch stabil, ist dies nicht der Fall. Selbst Baltischer Bernstein hat während der letzten Jahrhunderte eine dünne, rissige Kruste gebildet. Bernstein aus der Dominikanischen Republik kann sogar innerhalb von weniger als 20 Jahren verkrusten. Bei einer Studie über den Erhaltungszustand der 17 000 Bernsteinexponate des Nationalmuseums Dänemark wiesen 45 % der Sammlung Anzeichen von Verfall auf und bei 25 % mussten sofort Konservierungsmaßnahmen eingeleitet werden.

Wenn also sogar Museen Probleme mit ihren Bernsteinsammlungen haben, was kann man tun, um die eigenen wertvollen Bernsteinstücke vor den Verheerungen der Zeit zu bewahren? Bis in die 1980er Jahre hinein konzentrierte man sich in Museen bei der Konservierung von verfallenem und im Verfall begriffenem Bernstein auf Verfahren, bei denen stark auf den Bernstein eingewirkt wurde, etwa durch den Einsatz von Chemikalien. Viele der früher benutzten Chemikalien lösen heute selbst Verfallserscheinungen aus, indem sie den Bernstein, den sie eigentlich schützen sollten, schrumpfen und Splittern lassen und ihn verfärben. Eine Studie über die Ursachen des Verfalls von Dominikanischem Bernstein geht davon aus, dass sowohl zu wenig als auch zu viel Luftfeuchtigkeit den Bernstein schädigen kann. Oxidation von Bernstein ist ebenfalls ein Problem, da durch sie kleine Mulden und Risse entstehen, die das Risiko von Schäden durch Feuchtigkeit zusätzlich erhöhen. Im Allgemeinen sollte man versuchen, ein moderates Maß an Luftfeuchtigkeit aufrechtzuerhalten (50–60 % relative Luftfeuchtigkeit) und für eine Umgebung mit geringem Sauerstoffanteil in der Luft sorgen. Diese Dinge lassen sich von einem Großteil der Menschen mit Bernsteinschmuck nicht bewerkstelligen. Vielleicht ist der folgende Leitfaden etwas nützlicher.

1. Man sollte seinen Bernstein nicht herumwerfen, da er spröde ist und leicht brechen kann, wenn er auf etwas Hartes oder Metallenes trifft. Man sollte herabbaumelnde Halsketten vermeiden und dafür sorgen, dass er nicht gegen anderen Schmuck stößt.
2. Man sollte vorsichtig im Umgang mit Bernstein sein, da er der weichste und leichteste aller Edelsteine ist und leicht zerkratzt.
3. Man sollte seinen Bernstein von Lösungsmitteln fernhalten unter anderem von gechlortem Wasser, Haarspray, Nagellackentferner und Parfums. Sie können eine chemische Reaktion auslösen und der Bernstein kann einen dünnen trüben Film bilden.
4. Wenn man Bernsteinschmuck gerade nicht trägt, sollte man ihn nicht direkter Sonneneinstrahlung aussetzen, da er sonst mit der Zeit dunkler wird.
5. Man kann eine sehr kleine Menge Olivenöl auftragen und mit einem weichen Flanelltuch verreiben, da dies den Bernstein vor Schwankungen der Luftfeuchtigkeit und vor Oxidation schützt. Je weniger Olivenöl man benutzt, desto besser.

Aber vor allem sollten Sie ihren Bernstein genießen, ob aus wissenschaftlichem Interesse oder ästhetischem Vergnügen – er ist ein seltener und außergewöhnlicher Edelstein.

• 109 • Dieses Bernstein-Nugget mit Inklusen ist 8,4 cm lang, wiegt aber nur 38 g.

Literaturhinweise und Internetadressen

Literaturhinweise

Bernstein. Grzonkowski, Jens. Hamburg: Ellert & Richter, 1996.

Bernstein – Tränen der Götter. Katalog der Ausstellung des Deutschen Bergbau-Museums Bochum. Ganzelewski, Michael; Slotta, Rainer (Hrsg.). Bochum: Dt. Bergbau-Museum, 1996.

Atlas der Pflanzen und Tiere im Baltischen Bernstein. Weitschat, Wolfgang; Wichard, Wilfried. München: Pfeil, 1998.

Mythos Bernsteinzimmer. Remy, Maurice Philip. München: List, 2003.

Das Bernstein-Buch. Die Tränen der Götter. Kunst, Schmuck, Medizin und Magie. Botheroyd, Sylvia; Botheroyd, Paul. München: Atmosphären, 2004.

Bernstein – Entstehung, Gewinnung und Verarbeitung. Barfod, Jörn. Husum: Husum, 2005.

Bernstein – Fossile Harze aus aller Welt. Krumbiegel, Günther; Krumbiegel, Brigitte. Wiebelsheim: Quelle & Meyer, 2005 (3. überarb. u. erw. Aufl.).

Neringas Gold –Eine Reise durch die Welt des Bernsteins. Engmann, Birk. Horitschon: Ed. Nove, 2006.

Baltischer Bernstein – Entstehung, Lagerstätte, Einschlüsse. Erichson, Ulf; Weitschat, Wolfgang. Ribnitz-Damgarten: Deutsches Bernsteinmuseum, 2008.

Bernstein. Gold des Meeres. Reinicke, Rolf. Rostock: Hinstorff, 2008 (8. überarb. Aufl.).

Nützliche Internet-Adressen

http://de.wikipedia.org/wiki/Bernstein

http://www.ambergallery.lt/de/disp.php?itm=de_museums_1

http://www.g-o.de/dossier-176-1.html

http://www.hunterian.gla.ac.uk/amber/about.php

http://www.museum-albersdorf.de/bernsten/index.htm

http://www.zamek.malbork.pl/index.php?lang=de

Quellennachweise und Danksagungen

Abbildungsnachweis

Photolibrary, Hunterian Museum and Art Gallery, University of Glasgow, University Avenue, Glasgow G12 8QQ: Seiten 1, 2, 4, 11, 13, 14, 15, 27, 29, 34, 36, 64, 68, 70, 72, 76, 77, 78, 80, 82, 83, 84, 85, 86, 87, 91a–e, 92a,b, 93a,b, 94a–e, 95a–c, 96a–e, 97, 98, 99a–c, 100, 103, 104, 105, 106a–c, 108, 109

Kamai: Seiten 3, 7, 17, 28, 81, 90

Clare Clark: Seite 12

Museum Schloss Marienburg: Seiten 18, 19, 20, 37, 38, 39, 40, 41, 42, 43, 44, 45, 46, 47, 48, 49, 50, 51, 52, 53, 54, 55, 56, 57, 58, 59, 60

Janina Leonavičienė: Seite 22

Poczta Polska: Seite 24, 25

Ewa Tykc Karpińska (Design)/ Mennica Polska: Seite 26

Lech Okonski: Seite 35

Herbert Spichtinger/Corbis: Seite 61

Sergei Michailowitsch Prokudin-Gorski (Schöpfer): Seite 62

Roland Weihrauch/dpa/Corbis: Seite 63

Jacek Ostrowski: Seite 65

Giedymin Jabłoński: Seite 66

National Museums of Scotland, Edinburgh: Seiten 69, 71

Paul Tafforeau, European Synchrotron Radiation Facility, Grenoble, France: Seite 79

Bernsteinmuseum, Historisches Museum der Stadt Danzig: Seite 88

University of Colorado, Boulder, USA: Seite 102

Dick Institute, Kilmarnock, Scotland: Seite 107

Quellen anderer Abbildungen

Seite 10, *Hortus sanitatis* von Jakob Meydenbach (1491)

Seite 20, *Ovid's Metamorphosen* übers. von Vergilius Solis (1563)

Seite 22, *Walhall: Germanische Götter und Heldensagen. Für Alt und Jung am deutschen Herd* von Felix und Therese Dahn (1901)

Seite 31, Holzschnitt von Johann G. Wagner (1774)

Seite 61, *Illustrated London News* (1909)

Seite 63, *Transactions of the Geological Society of Glasgow, Volume 10* (1894)

Seite 88, *Historia succinorum corpora aliena* von Nathanel Sendel (1742)

Textquellen

Tacitus-Zitat, Seite 26 aus: *Tacitus: Germania. Lateinisch und Deutsch*. Fuhrmann, Manfred (Hrsg. & Übers.). Stuttgart: Philipp Reclam jun., 1972.

Plinius-Zitate, Seiten 26, 71 aus: *Plinius Secundus d.Ä.: Naturkunde. Lateinisch – Deutsch. Buch 37. Steine: Edelsteine, Gemmen, Bernstein*. König, Roderich (Hrsg. & Übers.). Darmstadt: Wissenschaftliche Buchgesellschaft, 1994.

Danksagungen

Polen

Schlossmuseum Marienburg: Marek Stokowski, Jolanta Ratuszna, Mariusz Mierzwinski, Elizbieta Mierzwinski, Janusz Trupinda

Führung und Übersetzung: Katarzyna Czaykowska

Muzeum Bursztynu, Danzig: Joanna Grążewska und Kollegen

Muzeum Historyczne Miasta Gdańska: Adam Koperkiewicz

Universität Danzig: Elżbieta Sontag

Danziger Künstler: Giedymin Jabłoński

Das Polnische Kulturinstitut: Aneta Prasał-Wisniewska, Natalia Gedroyć

Mennica Polska: Barbara Sissons, Mariusz Przybylski

Narodowy Bank Polski: J. Eryk Kazanowski

Schottland

Hunterian Museum and Art Gallery: Mungo Campbell, Harriet Gaston, Jill Barnfather, Mhairi Douglas, Stephen Perry, Susan Ferguson, John Faithfull, Jeff Liston, Sally-Anne Coupar, Chris Maclure, Mark Herraghty, Aileen Nisbet, Graham Nisbet, Roslyn Purss, Yvonne Threwal, Mike Richardson, Andrew Jackson, Geoff Hancock, Dave Russ, Caroline Ross, Monica Callaghan

National Museums Scotland: Andrew Ross, Helen Osmani, George Dalgleish

Integrative & Systems Biology, University of Glasgow: Craig Daly

Myra Thomson

Besonderen Dank an Clare Clark für die Gespräche, Redaktion und Unterstützung

Register

Kursiv gesetzte Seitenzahlen verweisen auf Abbildungen.